以藝事而論，我善烹調，更在畫藝之上。

張大千食單

曾迎三　編

上海辭書出版社

相邀

取法乎上，相邀席開；
錦盤碟出，膾炙人口。

LIFE
LIFE

目錄

食單

别具一格的《张大千食單》

序一·朱浩雲

“吃是人生最高藝術！”這是張大千先生的名言，也是宣言。

如果説繪畫是大千生存賺錢的職業，那麽美食就是他人生的享受。正如大千自己所説，吃在肚裏纔是最實惠的。

據筆者研究，大千生性好交朋友。無論是在上海、北平、成都、重慶，還是在中國香港、臺灣或阿根廷、巴西、美國，他的家裏到吃飯時間，往往高朋滿座，最多的時候要擺三大圓桌，設家宴款待來自各地的親朋好友，這似乎已成爲大千平生一貫的作風。特别是其自擬的菜單，多具獨門秘方，用料講究，菜式精致，友輩無不津津樂道。難怪很多大千好友在參加大千“大風堂酒席”後都會記憶猶新、終生難忘。以吃客著稱的林語堂先生曾對人説：“我這輩子吃過最好的宴席是在張大千家裏。”

這種酒席可謂絶無僅有，好友們在品嘗享受大千或是家人、私厨獨門絶技的美食的同時，還能在宴席上聽大千先生擺擺龍門陣，宴席結束後還能拿張張大千親書的菜單做紀念。而如今的一張張大千親書的菜單身價動輒已達人民幣數十萬元，價值已遠超當時的宴席，這樣的“大風堂酒席”也衹有“五百年來第一人”（徐悲鴻語）的張大千纔做得到。

張大千（左一）、方介堪（左二）、黄賓虹（左四）等聚餐合影（左圖，1927 年，上海）

張大千（前排右一）楊婉君（前排右二）夫婦與王師子（前排右五）、齊白石（前排右三）陳寶珠（前排右四）夫婦、于非闇（二排右三）、汪慎生（二排右六）、壽石工（二排右二）、白永吉（二排右七）、馬晋（三排）等好友在春華樓聚餐合影。（右圖，1936 年，北平）

早在民國時期，張大千就是出了名的吃貨，有“民國畫壇第一美食家”之譽。大千居北平時，光顧最多的就是著名的春華樓飯莊和譚家菜館。北平“八大樓”中春華樓飯莊是唯一的江浙菜館，招牌菜有銀絲牛肉、焦炒魚片、烹蝦段、松鼠黄魚、大烏參嵌肉等。店主白永吉曾被譽爲“北平第一名厨”，爲人風雅，愛好書畫，精於賞鑒。當時他的春華樓成了文人、畫家交流聚會的地方，飯莊内每間雅座都挂滿了時賢書畫。經常出現的人物有張大千、余叔巖、胡適、錢玄同、徐燕蓀、胡佩衡、吴鏡汀、唐魯孫等文人墨客，就連一代梟雄張作霖、遜清皇族溥傑也是春華樓的常客。大千居京時，最喜歡吃白永吉做的菜，當時北平人就流行“唱不過余叔巖，畫不過張大千，吃不過白永吉”的説法，説的正是這三個人的絶活，他們三人亦曾在春華樓合過影，傳爲佳話。

譚家菜是廣東人譚篆青家的菜，屬於粤菜、官府菜，被譽爲“美食極品”。它是從私人家宴發展到對外營業的飯館，每天祇做兩桌菜，須提前十天預定。招牌菜是黄燜魚翅、白斬鷄。當時北平春華樓、東興樓的燕翅，不過十六元一席，而譚府上的家宴，即使是常客也要八十元一桌，生客則非百元莫辦了。另外，做東的主人祇能約請八位貴賓，還要留一席給譚篆青入座。由於譚家菜中黄燜魚翅聲譽卓著，引得衆多民國顯貴盡折腰，其忠實粉絲就是大名鼎鼎的張大千，痴迷狂熱到即使身在南京，仍不惜血本，多次托人到北平去譚家買剛出鍋的黄燜魚翅，然後立刻空運到南京，上桌時魚翅還是熱的。

張大千與友人聚餐

有關張大千和譚家菜，民間還流傳着大千有時爲了吃一餐美味佳肴，居然從上海坐飛機去吃的趣事。有一次，北平榮寶齋經理王仁山到上海分店辦事，順便邀大千到店裏叙談。老朋友相見自然談得十分投機，臨別前王對張説："先生若賞臉，我請先生一起到北平，不光包先生的機票，還請先生吃譚家菜。"對王仁山這個非常有誠意的邀請，張大千當然不會推却。不久，他們一起乘飛機到了北平，王仁山立即在譚家菜館訂了菜。三天後，張大千偕好友溥心畬、陳半丁等前來品嘗。據説，大千也曾想"克隆"黄燜魚翅這道名菜，但最終未能實現。

1949年大千去國後，開啓了雲游海外的生涯。由於喜好結交四方朋友，自然走到哪裏吃到哪裏，嘗遍世界各地的美食。他一生到過四十多個國家和地區，從國内吃到國外，從東方吃到西方。走得遠，見得廣，吃得多，又善於學習，精於研究，便深諳飲食之道。大陸名厨楊國欽編著的《大千風味菜肴》曾披露了大千融會貫通創造的許多"大風堂菜"，如大千鷄塊、大千櫻桃鷄、魔芋鷄翅、薑汁鷄塊、茶熏鷄、大千乾燒魚、乾燒鱘鰉翅、泡菜燒魚、家常鱔魚、紅燒大肉、三味蒸肉、珊瑚肉、冬菜肉末、家常羊肉碎末、燴一品豆腐、清湯鷄膏、清炖牛肉湯、紅燒牛肉麵、清湯腰脆、大千丸子湯、蜜味蛋泥、麻辣側耳根、蜜味湯圓等。其中有不少菜的工藝十分複雜，例如，他喜食魚翅，最中意的是北非的大排翅。他發魚翅的方法很特别，據説是學的清宫御厨的烹調法：魚翅放罎内，一層網油間隔一層魚翅，然後文火慢炖，時間長達一周。這樣發出來的魚翅自然與衆不同，有口皆碑。

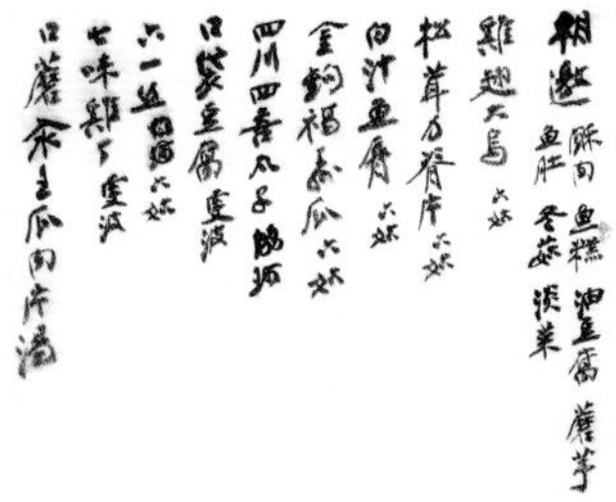

張大千食單

他自己曾說：“以藝事而論，我善烹調，更在畫藝之上。”大千一生以此爲人生之樂，常誇於人前，並有食單流傳於世。李順華先生曾在巴西“八德園”跟大千學過多種技藝，對大千厨藝知根知底，他說：“大千伯的本事我也以爲烹調下功最深。”張大千甚至還有一枚印章“大風堂山厨”，可見所言不虛。在張大千的眼裏，一個真正的厨師和畫家一樣都是藝術家，他把厨師的技藝真正看成是一門藝術。大千先生曾經教導弟子：“一個人如果連美食都不懂得欣賞，又哪裏能學好藝術呢？”所以，張大千常以畫論吃，以吃論畫。

張大千一生結交了無數海内外朋友。他有句名言：“獨樂樂，不如衆樂樂。”1936年徐悲鴻在《張大千畫集》序中稱他“能調蜀味，興酣高談，往往入厨作美餐待客”。

大千一生有兩大飯局可圈可點。一是早年在北平時，他和于非闇是鐵哥們，又是春華樓老主顧，那時他們在北平成立了一個“轉轉會”，共有12人，分別是：張大千、溥心畬、周肇祥、齊白石、陳半丁、俞陛雲、陳寶琛、于非闇、溥雪齋、傅增湘、徐鼐霖、成多禄。這個“轉轉會”類似於藝術沙龍的組織形式，其成員個個都是民國文化藝術界的翹楚。他們商定每個星期日在春華樓聚會，品嘗佳肴、賦詩作畫、鑒賞評論，此亦成爲當時京城文化藝術界最知名的飯局。

张大千（左三）徐雯波夫婦（左四）與張學良（左二）、張群（左一）等聚餐（左圖）

《宴張學良、趙一荻伉儷等食單》（右圖）

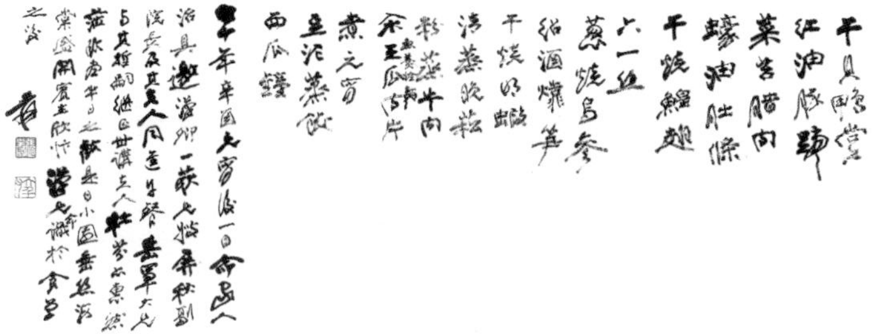

二是張大千晚年定居臺北摩耶精舍後，他又組織了“三張一王轉轉會”（指張大千、張群、張學良、王新衡）。這個飯局在臺灣相當有名，據臺灣媒體報道，四位友人情深意篤，來往頻頻，後來發展到每月相聚一次，輪流坐莊。相聚內容，即興而定，或結伴郊游，或品嘗佳肴。但凡遇上大千坐莊，往往親自書寫菜單、親自下厨，一展厨藝，並留下很多趣聞軼事和美談佳話，有的至今仍是後人樂此不疲的話題。

記得臺灣的南京籍作家張國立曾撰寫了《張學良與張大千的晚宴》一書，書中披露了張大千宴請張學良的趣聞逸事。

1981年張大千在臺北宴請張學良夫婦。由於宴請的是最好最鐵的老朋友，大千自然要親自擬定菜單，並親自掌勺，他要讓張學良夫婦大飽口福。當家宴吃到快要結束時，張學良離席跑到厨房去揭菜單了（本書第120頁）。之後，張學良將菜單拿回去精心裝裱成手卷，特在後部留白，次年邀張大千在上面題字留念。於是張大千在上面畫了白菜、蘿卜、菠菜，題名“吉光兼美”，並題詩云：“蘿菔生兒芥有孫，老夫久已戒腥葷。臟神安坐清虚府，哪許羊猪踏菜園。”當時在場的張群也應邀在此頁題字：“大千吾弟之嗜饌，蘇東坡之愛釀，後先輝映，佳話頻傳。其手製之菜單及補圖白菜萊菔，亦與東坡之《松醪賦》异曲同工，雖屬游戲文章而存有深意，具見其奇才异人之餘緒，兼含養生游戲之情趣。”這張集詩、書、畫於一體，有九位名人在録的家宴菜單就一躍成了烹飪界和書畫界所共享的稀世藝術珍品。這件珍品在1992年

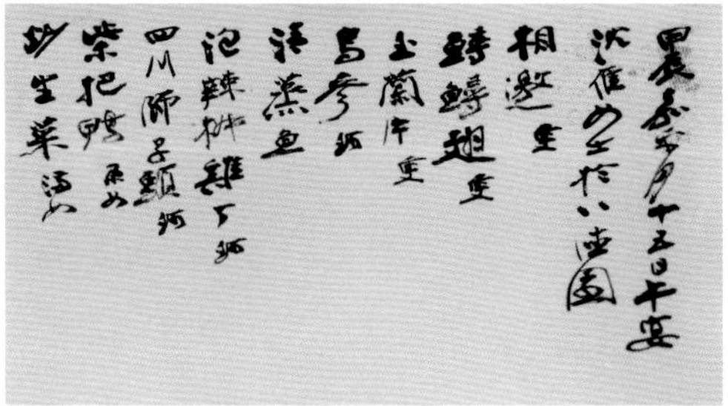

張大千食單

美國華盛頓展出時轟動了當地書畫界和烹飪界。菜單原件在1994年張學良移居美國前委托蘇富比拍賣，蘇富比爲此在臺北舉行了一場“張學良定遠齋書畫藏品拍賣會”。張大千贈予張學良的多件作品被拍出高價，其中此菜單被臺灣富豪、張大千忠實粉絲林百里以高達新臺幣200萬元拍得，此價格在當時絶對是天價，轟動拍壇。從此，張大千菜單引發藏家和市場的極大關注。

據筆者觀察，大千的菜單如果具備以下八大要素往往備受市場青睞。一是遇到老友拜訪或尊貴賓客，大千的菜單會寫上客人的名字，以示尊重；二是每道菜名之後標注掌勺人的名字，“千”是他親自掌勺，“雯”是他的妻子徐雯波，“珂”是他的兒媳，等等；三是寫上宴請的日期；四是將菜的配料都寫上；五是菜單上有菜的製作方法；六是寫上張大千的名字並蓋上印章；七是畫上蔬菜或是自己的頭像，爲菜單增色；八是如果宴請的對象是如張學良、蔣經國、張群、王新衡、何應欽、于右任、林語堂、孟小冬、溥心畬、黄君璧、臺静農、張目寒、郎静山、王季遷等這樣的名人，恐菜單的價值會更高，正所謂“物以人貴”。

如今，在海内外拍賣場上，張大千的精品已越來越難覓。於是，許多拍賣行把目標對準了張大千的菜單，導致小小的大千菜單價格動輒拍至人民幣數十萬元。如2014年春季香港蘇富比推出的張大千《宴李子章等菜單兩份》（本書第54、56頁），此菜單張大千未署名，也無印章，但拍賣結果却相當理想，高達港幣62.5萬元。尤值得一提的是，2018年紐約佳士得曾集中推出張大千手書的21張菜單（本書第64—105頁），都是1977年至1979年張大千居臺灣時的私人厨師徐敏琦的珍藏品，最終在衆多藏家的追捧下以總價美元95.5萬元（時值人民幣800多萬元）拍出，轟動全球。張大千宴客的菜單已作爲熱門藝術品廣爲流傳，即便在藝術品市場疲弱的時期，張大千的菜單仍有不俗表現。在2024年春季香港蘇富比拍賣會上，張大千《宴周彤華等菜單》（本書第118頁）以港幣38.1萬元拍出；《行書菜單兩份》被中國嘉德拍至人民幣43.7萬元。

張大千親書的這些菜單淋灕盡致地展現了大千會吃的文化、會做的藝術、會樂的境界。同時，也是大千四海交友的最好見證和大千書法的别樣表現。

近悉好友迎三兄在編《張大千食單》一書，筆者深感意義非凡。此舉填補了張大千研究的一個空白，不僅可以讓我們走近大千的美食世界，探尋大千食單背後不同尋常和鮮爲人知的交友故事，而且可以領略大千美食是一種怎樣的文化和藝術，一種怎樣的氣魄和境界。

朱浩雲　2024年6月26日寫於上海五栖齋

張大千《蔬果圖》（1959 年）

大千美饌，天下共享

序二・沈嘉禄

張大千曾説：“以藝事而論，我善烹調，更在畫藝之上。”

他是將烹飪當作藝術來看的，在此之前還没有一位藝術家這樣説，蘇東坡也没把東坡肉、東坡肘子、東坡豆腐看成是自己的文創產品。至於“在畫藝之上”，不能當真，却值得玩味。他是“生活藝術化，藝術生活化”的身體力行者，烹飪與繪畫是他藝事中同時回響的兩重奏。

在所有關於張大千藝術人生的文章中，一定是圍繞着諸多關鍵詞來展開評述的，而我對“美食”這一詞匯尤感興趣。每次看到張大千手書的“大千食單”，都會眼睛一亮，繼而欣賞、存照、考證。

家庭是張大千一生研精美食的啓蒙學校。從小生活在天府之國的四川，家庭條件又不差，在飲食上就要細細斟酌了。據一些張大千的傳記所稱，張大千的母親擅長烹調，一日三餐都很講究，麻辣醇香就成了他的基礎味道，但他從不拒絶粵菜、魯菜、蘇州菜等。張大千愛吃肉，幾乎每餐必啖，紅燒肉、冰糖肘子、東坡肉等膏粱厚味是他的至愛，隔三差五來一頓，金華火腿、葱燒海參也是他提振食欲的神器。

因爲從小就繼承了良好的味覺基因，也形成了“貪吃”的興趣，張大千游歷五湖四海，對四方食事自然格外着意。誠如楊國欽先生在《國畫大師張大千·吃的藝術》一書中説：“大千先生一生遍游名山大川，嘗盡南北美食。他廣采諸味精華，在自己的烹飪中巧妙吸收，並加以融會同化。他設計和製作的菜品，許多原型來自民間，不過經過他的構思和創造，又遠高於民間的水平了。”

張大千曾在敦煌寫生兩個多月，吃住方面因陋就簡，但他對食材有與生俱來的敏感，采用當地食材，略加烹調，就成了今天仍在敦煌一些餐廳裏供應的當地名菜，比如白煮羊肉、榆錢炒蛋、嫩苜蓿炒鷄片、鮮蘑菇炖羊雜湯、鷄絲棗泥山藥等。

茫茫荒漠何來鮮蘑菇？恰巧張大千的住所外面有一排白楊樹，他發現夏季時節樹下面便會長出蘑菇，顔值不高，但是無毒，於是每隔兩三天便可摘得一盤，這成了彼時彼境的上佳食材。

所以我也有理由相信，張大千每到一個陌生地方，都會通過宴飲或烹飪的事由考察當地的美食與風土。一襲藍袍，美髯飄飄，深入大街小巷，逛逛集市菜場，與老農民、小攤販拉拉家常，由此將“他鄉”的美食與食材熟記於心，日後用在

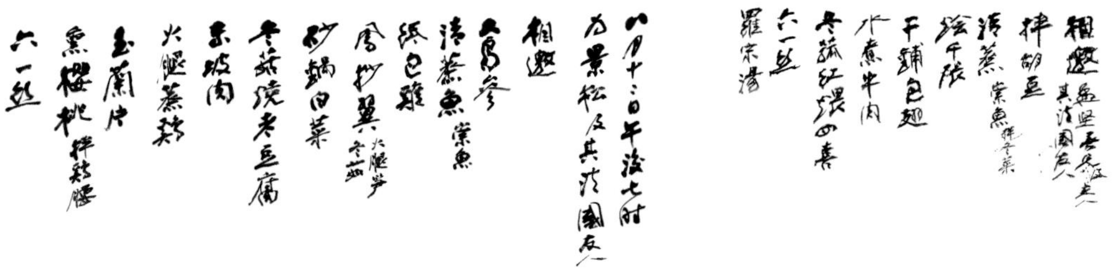

張大千食單

刀俎之中。

也因此在張大千食單中，經常出現鹽水鴨、八寶鴨、咕咾肉、京醬肉絲、松茸芥藍、蜜南、酒蒸陳皮鴨、蚝油腹脯、葱燒海參、熗腰片、糖醋白菜、羅宋湯、燴鷄腰、燴千張、紅燒麵筋、口袋豆腐、咖喱牛肉、黄魚煨面、蒓菜湯、魚麵等外幫菜了。

張大千是性情中人，熱情好客，情商也高，交際水平非常人所及，隨着他的畫價一路飆升，就經常掃徑迎客，煮酒烹茶，一手來錢，一手散錢；加之美髯公滿肚子奇聞軼事，興之所至，口若懸河，滔滔不絶，形成一個樂觀向上的氣場，同道朋友都願意匯集在他身邊。

張大千經常在家裏宴請同道好友。1936年徐悲鴻在《張大千畫集》序中明確了這一點："能治蜀味，興酣高談，往往入厨作美羹饗客，夜以繼日，令失所憂……"。謝稚柳也曾著文回憶："大千的旁出小技是精於烹飪，且對客熱情，每每親入厨房做菜奉客……所做'酸辣魚湯'噴香撲鼻，鮮美之至，讓人聞之流涎，難以忘懷。"

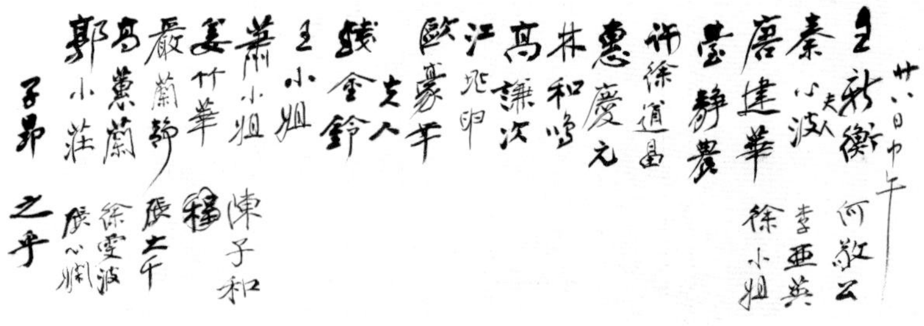

張大千食單（左圖）

張大千手書宴客名單（右圖）

宴開瓊林於本府，是待客的至高禮遇。一般文人墨客請家傭操觚，也可請名厨上門外燴，魯迅就請過飯店厨師上門做菜。但張大千喜歡親力親爲，捋袖掌勺，他是把烹飪當作藝事來做的，也是把自家菜肴當作藝術品邀請賓客來品鑒的，那麽自家的厨房就成了他烹飪實踐的平臺。親自下厨，尤顯熱情大方；饗以家鄉風味，更見真情實意。

如此，按照中國人的禮數，宴客必須親手擬定菜單，所以張大千菜單也是中國傳統文化的體現。

張大千所撰的《大千居士學厨》，記載了大千家宴中的十七道招牌菜：粉蒸肉、紅燒肉、水鋪牛肉、回鍋肉、紹興鷄、四川獅子頭、螞蟻上樹、酥肉、乾燒鰐鰉翅、鷄汁海參、扣肉、腐皮腰丁、鷄油豌豆、宫保鷄丁、金鈎白菜、烤魚等。這些菜以家常味道爲主，烹飪方法和所用設備都不太複雜，蒸、煮、炒、炸、烤、燒等，隨時隨地都能炫一把技藝。

張大千的宴客菜，基本上都是這樣的調性。從本書所列的菜單中也可發現，無論在何種環境，菜單上濃重的麻辣味僅一二道而已，比如大千子鷄、麻婆豆腐、炒鷄丁、棒棒鷄、粉蒸肉片、乾燒明蝦、生爆鷄翼、椒麻猪蹄等；其餘都是清淡的本味菜，比如東坡肉、酒蒸鴨、成都獅子頭、成都素燴、牛肉度豆腐、豆腐丸子、銀絲牛肉、五柳湖魚、松子碎鷄米、子薑鴨片、鷄膏湯、炒鮮蘑、葱燒鴨、清蒸魚、燴魚唇、乾貝燴合掌瓜、韭黄肉絲、豉油鷄、茶腿晚菘、冬菇豆

張大千在燒麻婆豆腐，左立者爲厨師徐敏琦（左圖）

張大千與徐雯波在摩耶精舍厨房（右圖）

腐等。

他自己也經常說：川菜並非都是辣的，官府和一般中上人家待客，麻辣菜很少，大多以清淡本味體現食材的鮮美。我請教過川菜名厨，也說：清鮮出於大宴，麻辣出於小吃，這是蜀地的規矩。

走遍天下，回望故土，不忘初心，於鄉味中寄托鄉情，是大千家宴的可貴之一。

在大千菜單裏經常會看到一些外幫菜。張大千爲何在家宴裏引進外幫菜？其實也不奇怪。也許在游歷途中，身處臨時栖息地，眼界一向很寬的張大千當然就地取材，通過烹飪來了解外省食材的品性，甚至采用外幫菜的烹飪技法，做成川味菜或外鄉風味，順便挑戰一下自己；也許宴請對象非巴蜀人士，那就必須照顧到貴客的飲食習慣啦。

比如葱燒海參，本是魯菜的專擅；京醬肉絲，也是魯菜的底子；熗腰片和松子碎米鷄是淮揚菜的代表作；鷄膏湯，是江蘇漣水的地方名肴，在此基礎上川厨又做出了肝膏湯；松子肉、燴鷄腰、蝦油燴麵是妥妥的蘇幫菜；宫保魷魚或宫保鷄丁也非蜀地獨有，宫保一味本出貴州，後來纔收編爲川菜；炒蝦球、紙包鷄、蚝油鮑脯、蚝油豆腐、葱油鷄是廣東菜；

張大千食單

西瓜盅呢，在粵菜、閩菜和蘇菜裏都有，唯獨川菜裏没有；小籠包和羅宋湯是在上海一舉成名的。

許多人不知道大千菜單中的“熏櫻桃”爲何物，我請教了中國烹飪大師徐鶴峰後纔知道原來是熏田鷄腿，曾流行於蘇南。

“炸鴨腦”，想象一下畫風比較驚悚對吧，其實是一道傳統老菜，曾流行於淮揚富商家。鴨頭煮熟破殼取腦，約取百來隻，滑入低温油鍋，不可多炒多翻，加輔料以增色味即可，這種菜屬於《隨園食單》時代。同樣是老古董的還有一道“醉蟹蒸魚”，在《桐橋倚棹録》裏有記載，前些年我在蘇州有幸領略過此款吴中佳味。

不拘一格，博采衆長，互爲交融，爲我所用，是大千家宴的可貴之二。

在大千菜單裏出現頻率較高的“六一絲”，許多人猜不出是什麼菜。據説張大千在六十一歲生辰時，僑居日本的川菜大師陳建明特意爲美髯公設計了一款菜式，選用六樣時蔬：緑豆芽、金針菇、青椒、青黄瓜、醬包瓜等，掐芽或切絲，加上一味葷腥——水發魷魚，也切絲，分别入鍋旺火煸炒，色彩豐富，層次分明，不留油芡，有一種福壽雙全的效果，張大千和賓客們品嘗後大加贊賞。後來此菜被張大千納入大風堂家宴中，食材可應地應時稍作調整。在夏季招待客人時，常以這款

《宴劉太希手繪鮑參食單》

小炒讓客人分享爽脆鮮嫩的時令風味。這道六一絲也讓我想起了蘇幫菜中的“十絲大菜”，兩者有异曲同工之妙。

還有一道“大千鷄塊”，是從湘菜麻辣子鷄演化而來的。張大千爲獲得更佳口感，選用剛剛生出鷄冠的小公鷄，斬塊上漿待用；輔料比較簡單，唯青筍或萵筍而已，所用調味料有花椒、郫縣豆瓣、乾紅辣椒、胡椒粉、葱姜、川鹽等，盡量朝川味上靠，但成菜不烈不燥，嫩鮮滑爽，香氣濃鬱，以適應更多客人的口味。這道菜一上桌便得到親友團和粉絲群的激賞，遂稱它爲“大千鷄塊”，很快流行於社會餐廳，成爲許多餐館酒肆的招牌菜。直至張大千八十大壽那天，他還想下厨爲前來賀壽的賓客做這道拿手名菜呢。

勇於創新，是大千家宴的可貴之三。

張大千首創了潑彩技法，體現了令人耳目一新並驚世駭俗的創新精神，這也是他將具有當代精神的中國畫推向世界的價值所在。那麽在大千家宴中也潤物無聲地體現了這一意識。中國南方城市的雅聚宴集，常以一道格調清雅的前菜開場，張大千就把川菜中的雜燴改造一下，取用酥肉、鷄雜、魚糕、魚肚、淡菜、油豆腐、冬菇、筍片、菜心等食材，做成一道開胃菜，因覺雜燴之稱欠雅，遂改稱“相邀”，以此打開味蕾，皆大歡喜。

張大千常對學生講："一個不懂得品嘗美食的人怎麽可能懂藝術。"這句至理名言，也成了出版這本《張大千食單》的理由。

前些年，張大千先生故鄉的内江市烹飪協會搜羅了散見於海外的有關資料，加上張大千先生親屬提供的文獻，邀集一班名厨進行復刻，整理出菜品和小吃25種，在業界引起了很大反響。後來在當地還建起了"大千美食一條街"，舉辦"大千美食節"，成功申報了"大千美食之鄉"，可見張大千的美食已成爲内江的一張名片。現在，上海辭書出版社據曾迎三先生提供的數十件張大千菜單圖片，編輯出版本書，以滿足美術愛好者和美食愛好者的收藏、研究所需，應該是一件大好事。

梅雨季節，閉門數日，謹書數行，請教方家。倘若有酒家經營者着意復刻大千家宴，也算告慰大千先生在天之靈啦。

沈嘉禄　2024年小暑

繪事厨藝，個中真味貫自知

序三・向子平

談到大千先生，繞不開其師曾熙、師叔向桑。

曾熙(1861—1930)，湖南衡陽人。字季子，又字嗣元，更字子緝，號俟園，晚年自號農髯。清光緒二十九年（1903）進士，官至兵部主事兼提學使及弼德院顧問，先後主講衡陽石鼓書院、漢壽龍池書院，任湖南教育會長。工詩文，擅書畫，造詣頗深。與李瑞清世有“南曾北李”之説。

曾熙1915年始於上海鬻字。1917年，曾熙收張大千爲門生，爲其改名爰，號季爰。同年9月，因未婚妻病逝，張大千萬念俱灰，出家爲僧，法號“大千”。後經曾熙師等細心開導，釋然還俗。爲使張大千更好地追踪石濤畫跡，曾熙还引導张大千於1927年首次踏上黄山寫生旅程。張大千後來説一生受益最深的恩師，唯農髯先生。1930年曾熙病逝滬上，張大千扶柩至恩師家鄉，在墓傍築廬守孝一月，盡孝子禮。

筆者祖父向燊（1864—1928），湖南衡山縣白蓮鄉人。字樂穀，號抱蜀子，晚署抱蜀老人。師從名儒王闓運（湘綺）。1916年任湖南湘江道尹，兼任湖南省財政廳長。工書法，善繪事，精鑒賞，好收藏，知人論書，精辟獨到。

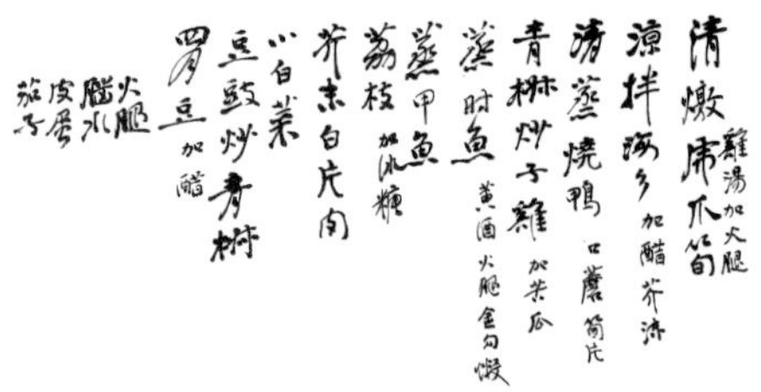

曾熙（前排中）、張大千（後排右一）、王个簃（後排中）等合影（左圖，1930年，上海）

曾熙宴客食單（右圖）

曾熙和向燊，是兒女親家。曾熙的兒子曾憲珂娶向燊的女兒向俊彥爲妻，育有二子曾慶壬、曾慶壽，一女曾琳。（本書編者、專事書畫鑒賞及曾熙學術研究的曾迎三，即是曾慶壬之子，曾憲珂之孫。）1917年，向燊遠離官場避地滬上，投宿曾府。曾熙住家二樓是畫室書齋，齋名“心太平庵”。兩親家朝夕相處，志趣投和，評書論畫，切磋藝理，其樂融融。曾熙平日有午休習慣，張大千登師門必在午後。在書畫齋，大千先生常就書畫藝術鑒賞諸方面的學問，向被他尊爲師叔的向燊請教。

大千先生在上海從師習藝期間，大部分晚餐都在曾師家享用。曾師每有家鄉捎來特産，必邀友人品嘗分享。家宴開席，常見農髯翁親書食單，正宗的湖南菜、各種小炒、紅燒肉及臘味等，美味可口。席間，自然少不了對佳肴品評一番。

而大千先生出身巴蜀世家，巴蜀之地自古號稱“天府之國”，物産富饒，且其家母又做得一手好菜，耳濡目染，稍加用心，用腦動手，自然而然就能研製出各種美味菜肴來。因此，在曾家時，大千先生也曾下厨幫忙師母做幾道小菜。

向燊季子向大延，筆者先父。先父於祖父旅居上海時，常和大千先生一起習書。先父比大千先生小七歲，以同門師兄弟相稱，彼此尚德重才，相互激賞，勤勉有加，精進不怠。此番情誼，綿延不斷，一直持續到第三代。

張大千（左三）與向大延（左一）向李蘭（左二）
夫婦、向子平（左四）（1977年，臺北）

1949年，家父母决定舉家移居香港，當時我六周歲。1954年，全家定居臺北。20世紀六七十年代，張大千先生在世界各地頻繁舉辦畫展，此間常臨臺灣，直至1976年定居臺北。大千伯伯每至臺，家父向大延和家母必前往探望，我常陪同在側，聆聽熏習，於爲人處世、繪事厨藝諸方學養，多有長進。

在我印象中，大千伯伯的大家風範爲其一，繪畫藝術造詣之高爲其二，厨藝水平無可挑剔爲其三。不曾想，他説："以藝事而論，我善烹調，更在畫藝之上。"知其好美食會烹飪，不知其"善烹調，更在畫藝之上"。這讓我既驚喜又好奇。喜在對美食烹飪，我有同好；奇在"烹調"與"畫藝"，怎麼竟能並行不悖協調在一位大畫家身上？這份好奇藏匿心中，直至有朝一日因緣際會，方探得個中奧妙一二。

1974年7月下旬的一天，我自臺北抵達美國舊金山後，即打電話與大千伯伯約定去他府邸卡柏爾環華庵拜望。抵達環華庵，與和藹可親的張伯伯交談甚歡，他關切地問我父母情況，我報告之後，告訴他接着我有巴西聖保羅之行。他特別關照我一定要到八德園去看看，有没有荒廢。（八德園，張大千在巴西居所，因巴西政府將其徵收作爲供民生用水的水庫，不得已張大千離開巴西寄居美國。）

張大千贈向子平、張琪琪夫婦《嘉耦圖》（1975 年）

起身告辭時，張伯伯叮囑我，從巴西回來時一定在七天前告訴他，到時纔能讓我嘗嘗他們家獨特的魚翅。

巴西考察間，到訪八德園，三月之後，再度赴環華庵拜訪。因張伯伯身體欠佳，他説忘了泡發魚翅，下次一定可以。於是聽從張伯伯安排，由張伯母及保羅兄陪同去海邊用餐。餐畢回到環華庵，出乎意料的是竟然收獲張伯伯所繪一幅五尺橫幅水墨山水畫。上面寫了約六七十個字，述説他近年體弱及他與向家三代的交情，並且寫明我從巴西八德園回美探視他的情況。看到此畫，張伯母及保羅兄都大吃一驚，我當場感動得淚水奪眶而出。可惜此畫回臺小裱時，被裱畫店遺失。後由蔡孟堅先生承諾請張伯伯再畫一幅補償，這便是1975年張伯伯贈與的《嘉耦圖》。

此行拜會後，品嘗“張府魚翅”便成了一種期待。

夢想成真，有時來得太快太突然。當我還在美國停留辦事與臺北父母通話時，他們告訴我張大千伯伯已經托中華航空公司從美西環華庵做好一大鍋魚翅，由華航劉經理送到我們家，家人每人分吃了一碗，其餘的都留給我。這時纔悟到原來張伯伯要請我吃的魚翅不是忘了，而是有心借此機會請我父母及家人都嘗嘗這獨特的紅燒魚翅。估計這次特別坐飛機空運來的魚翅，没有三四副特選魚翅，是做不出可供二十來人品嘗那麼一大鍋的。其心至誠，情深意厚。

张大千在八德園（左圖）

张大千在摩耶精舍（中、右圖）

張大千製作魚翅，選擇原料特別講究。魚翅的種類很多，除了一般的大排翅外，要推鰐鰉翅爲貴。他家的魚翅，比香港所有餐廳都勝出太多。從魚翅選料開始，所選鰐鰉翅，每年在香港僅到貨二百四十副，而張大千委托香港大成雜志社沈葦窗先生，每年從中精選出一百六十副寄給他，那可是貴中之貴的特優選材。

魚翅選定，要發翅。發魚翅，工具方法很重要。需要一口桶底側帶小水龍頭開關的不銹鋼大桶、八角形鏤空編製篾片若乾、一個60公分口徑大小的桶形有蓋大鍋。取兩片篾片，中間夾一魚翅，周邊用筷子固定，放入煮鍋中注滿水煮。煮開後不掀蓋燜30分鐘，然後倒掉熱水。將魚翅放入大桶，注滿自來水，將上端固定水龍頭開關擰小至細水長流，再打開桶底一側小水龍頭讓水自動流出，使泡發的魚翅始終處於流動如活水之中，約持續五至七天，完成泡發。

泡發的魚翅本身無味，還要配製上湯。熬上湯特有講究，必須有土鷄、土鴨、猪的筒骨、上好的幹貝等，還需上好的金華火腿。金華火腿在美國没進口，美國有西班牙火腿及維吉尼亞的火腿可代替，但價格昂貴。

張大千在家宴請客人，十天前約定到訪的來賓，桌上往往都會出現幾道費工、費時、費料的大菜，如乾燒魚翅、紅燒鮑魚，或者葱燒烏參之類。這要提早五至七天先準備原料，尤其熬製魚翅上湯，配好料，要熬個十多小時，湯要清而不能

張大千下厨影存

混，這要非常用心、細心與耐心。

除了魚翅，在大千伯伯身邊嘗到的美食中，有幾道菜也是記憶深刻。

有一道“烤乳猪”，其製作是我受大千伯伯傳授，親身學習體驗過的。在臺灣，家父一直想請大千伯伯吃飯，幾經推辭，張伯伯開出了菜單“烤乳猪”。這可講究了，按規定要買出生十五天的乳猪，每天相隔二小時喂一次牛奶，每天早上、下午用啤酒各洗一次澡。這個任務，家父交代我去執行。就此，我當了十五天的“猪奶爸”。到了三十天時，我們請了臺北華新餐廳的厨師用炭火細工慢烤，最後連小乳猪的内臟都分門别類地清炒、爆炒，如清炒猪肝，青蒜辣椒爆炒猪肚、猪大腸、小腸等，一點都不落下。真是想象不到那小猪内臟如此鮮甜、脆嫩，與大猪的内臟簡直天壤之别。

大千伯伯非常喜愛獅子頭、粉蒸肉及排骨，這幾道家常葷菜被他做得風味獨特。即便素食，也與衆不同。如對豌豆的偏愛，更是當令季節不可少的盤中美食。他曾多次告訴我，用豌豆做的醬油，勝過黄豆、黑豆，相比之下要鮮、甜、香得多。後來我試做了二大缸，味道確實比黑豆、黄豆更勝一籌。可惜等樣品醬油出來時，張伯伯已仙逝。

大千食單中，時常出現麻婆豆腐，是四川名菜。豆腐的選料，也是一門大學問。如果全用石膏點漿，可能會略帶苦味，用鹽滷點要好些。點漿及把豆花打碎去水等，則非有經驗的老師傅不可，做出來的豆腐味道就不一樣。成熟乾透的黄豆與提早收的黄豆不同，後者帶青澀味，遜色很多。煮豆腐，配佐料，火候要達到一定程度而不能有焦糊味，鹹淡不到位，鮮味出不來，勾芡濃淡適宜，纔既有透明感又能使豆腐有保温效果。

所有種種，不勝枚舉。從食單入厨到佳肴上桌，那一道道傑作，無不凝聚了大千先生的心血。

大千先生的食單，看是一道道菜名，實乃一件件秀色可餐的藝術作品。他將繪畫技法運用於厨藝，又將烹調技能反哺繪藝，活生生向我們展現了另一個“大千世界”——一個繪藝、厨藝相互融通的“大千世界”。

向子平　2024年7月9日撰於美西洛杉磯旅次

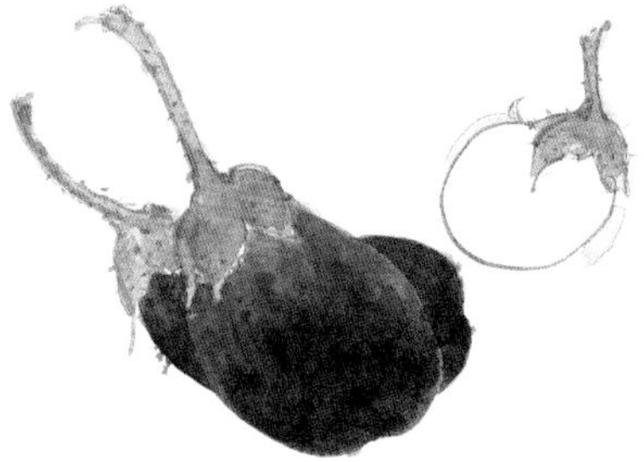

食 單

本食單釋文依張大千手書食單原文錄

一宴客食單

鹽水鴨
古老肉
豉油雞
粉蒸肉片
銀絲牛肉
炒雞丁
師子頭
冬菇豆腐
炒生菜

元月十日中午。

紙本
縱二十三釐米　橫三十三釐米
鈐印：大風堂（朱文）

盐水鴨
古老肉
醬油雞
粉蒸肉片
銀丝牛肉
炒雞丁
獅子頭
冬菇豆腐
炒生菜

丈夫書
甲午

二 宴劉太希手繪鮑參食單

相邀
魚翅
合掌瓜
干鮑
松茸芥藍
烏參
豆腐丸子
大千雞
師子頭
京醬肉絲
炒生菜
清湯

太希道兄命於食單之後，補鮑參包生，戲圖數筆博笑，爰。

紙本

縱十六釐米　橫七十八釐米

鈐印：張爰之印（白文）

注：太希，即劉太希（一八九九—一九八九），號錯翁、無象居士、千夢堂主人。江西信豐人。

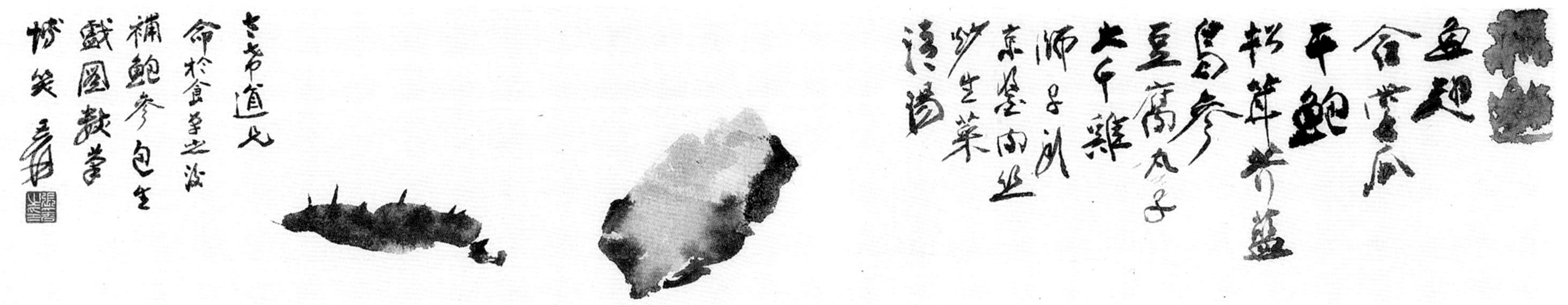
魚翅
合掌瓜
干鮑
烏參
豆腐丸子
大千雞
獅子頭
京醬肉絲
炒生菜
清湯
岳軍道兄
命於食單之後
補鮑參包生
戲圖數筆
博笑
爰翁

三 食單

1 錦盤
2 大雜会 加炒腰花、戴帽
3 干燒魚翅
4 姜汁雞
5 蜜南
6 樟茶鴨
7 清湯師子頭
8 鮓肉
9 鹹燒白
10 成都素烩
11 蟠桃
12 臊子麪

紙本
縱十七釐米　橫六十九釐米

1 锦盘

2 大杂会 炒腰花 带戴帽

3

4 干乾 烧鱼翅

姜汁鸡

5 台南

樟茶鸭

6 挠白

7 清汤狮子头

8 鲊肉

9 咸烧白

姜汁鸡

樟茶鸭

10 成都素烩

炒肥腰片

11 蟠龙

12 少臊子麪

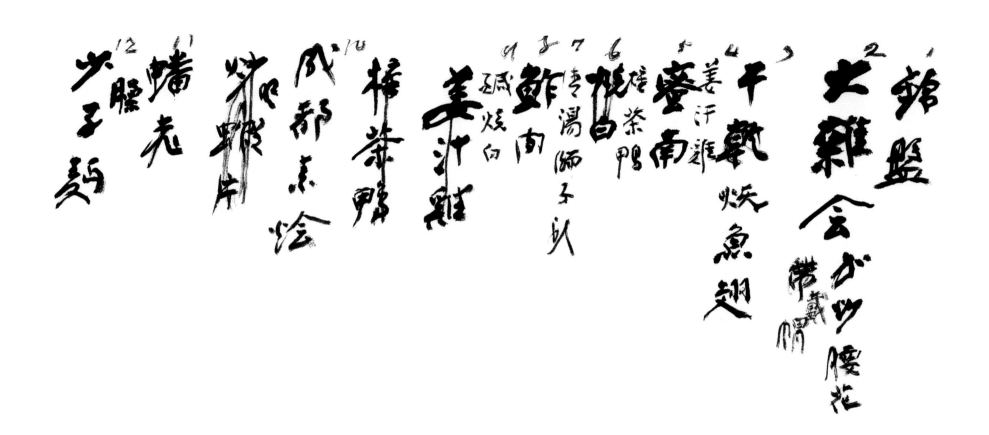

四 晚宴食單

七月廿三日，晚宴。

鱘鰉翅
鮑脯
紅燒雙魚
雞汁大烏
烤冬笋
八寶鴨
豆沙糯米飯
炒雞丁
口菜清湯

紙本

縱二十七釐米　橫三十一釐米

簽條：大風堂宴賓菜單。七月二十三。日本。

鈐印：寶宋史（白文）。

鑒藏印：朖庵珍秘（朱文）。

大風堂宴賓菜單

七月二十三日本

七月廿三日晚宴

鱘鰉翅

鮑脯

紅燒進魚

雞汁大烏

烤冬筍

八寶鴨

豆沙糯米飯

炒雞丁

口蘑清湯

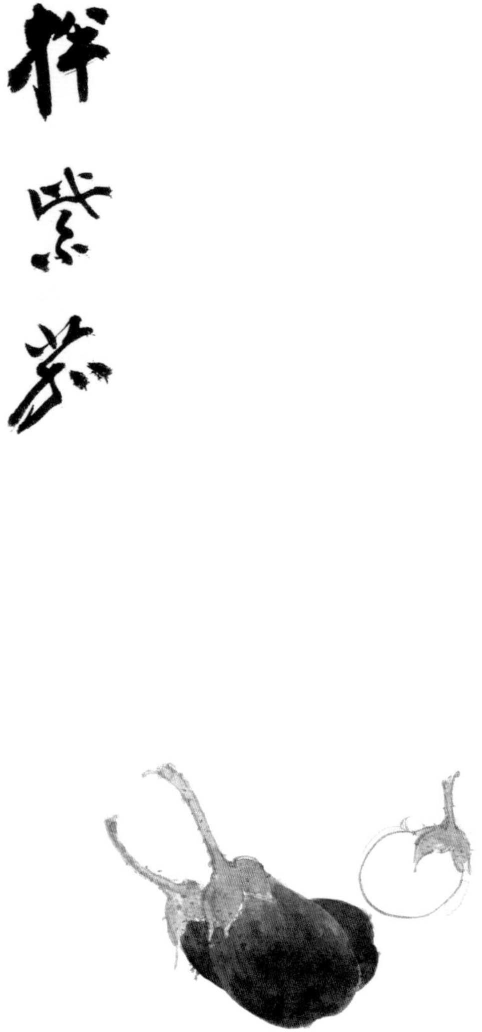

五食單

酒蒸陳皮鴨
干燒魚翅
生爆雞翼
蠔油鰒脯
素燴
燒白
拌錦雞紅
拌紫茄

紙本
縱二十二釐米　横二十八釐米

酒蒸陳皮鴨

干燒魚翅

生爆雞翼

蠔油鰒脯

素燴

燒白

拌錦雞絲

拌紫蘇

六宴客食單

清蒸魚

炸牛肉片

蠔油鮑脯

炒雞丁 泡海椒

黃燜大烏 雞塊

韭黃肉絲

搶生菜

牛肉度荳腐

銀絲丸子 清湯略加生菜數片

三月廿九日。

紙本

縱二十八釐米　橫三十八釐米

清蒸鱼

冰牛肉片

蠔油鲍脯

炒鸡丁 泡酒拼

黄焖大乌 鸡块

韭黄肉丝

撬生菜

牛肉度荳腐

银丝太子 清汤墨鱼生菜鼓片

三月廿九日

七午宴食單

九月五日中午，宴請胡、洪兩君，邀章、賀、張三府作陪。

干燒明蝦
炒鮮蘑
清蒸魚
葱燒鴨
師子頭
炒雞丁
炒生菜
雞糕湯

紙本

縱二十七釐米　橫三十七釐米

今月五日中午要請胡洪兩
家邀[illegible]賓便〻存照

干燒明蝦
炒鮮蘑
清蒸魚
葱烤鴨
獅子頭
炒雞丁
炒生菜
雞糕米湯

八慶張德先二周歲食單

元月初六日，绵绵二周岁。午後七时。三席。

葱燒海参

松茸青豆炒肉片

會魚唇

薑汁雞片

干貝會合掌瓜

炒四絲 豆干、笋肉、葱節、辣椒丝

口蘑丸子湯

紙本

縱二十八釐米　横四十釐米

注：綿綿，即張大千孫女張德先。

元月初六日孫〻同嶽下午七时
〻席
葱燒海參
蝦茸青豆炒肉片
會魚唇
薑汁雞片
干貝會合掌瓜
炒四丝 豆干 笋肉 葱节 辣椒丝
口蘑丸子湯

九食單

魚翅
合掌瓜
干鮑
芥藍
烏參
豆腐丸子
大千雞
師子頭
京醬肉絲
炒生菜
清湯

紙本
縱十三釐米　横二十八釐米

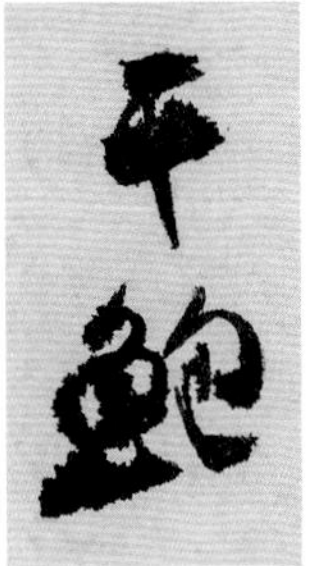

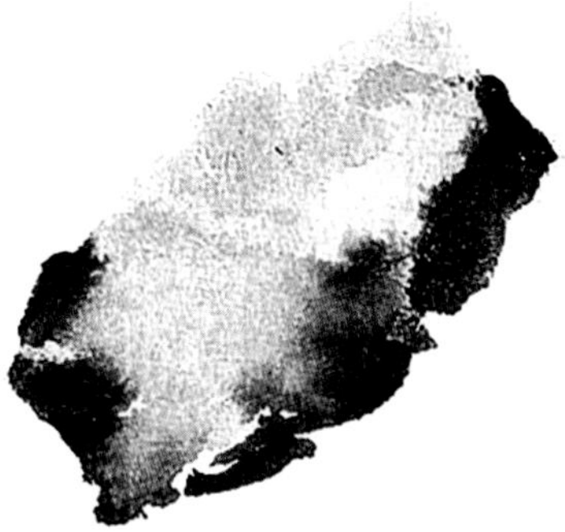

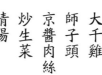

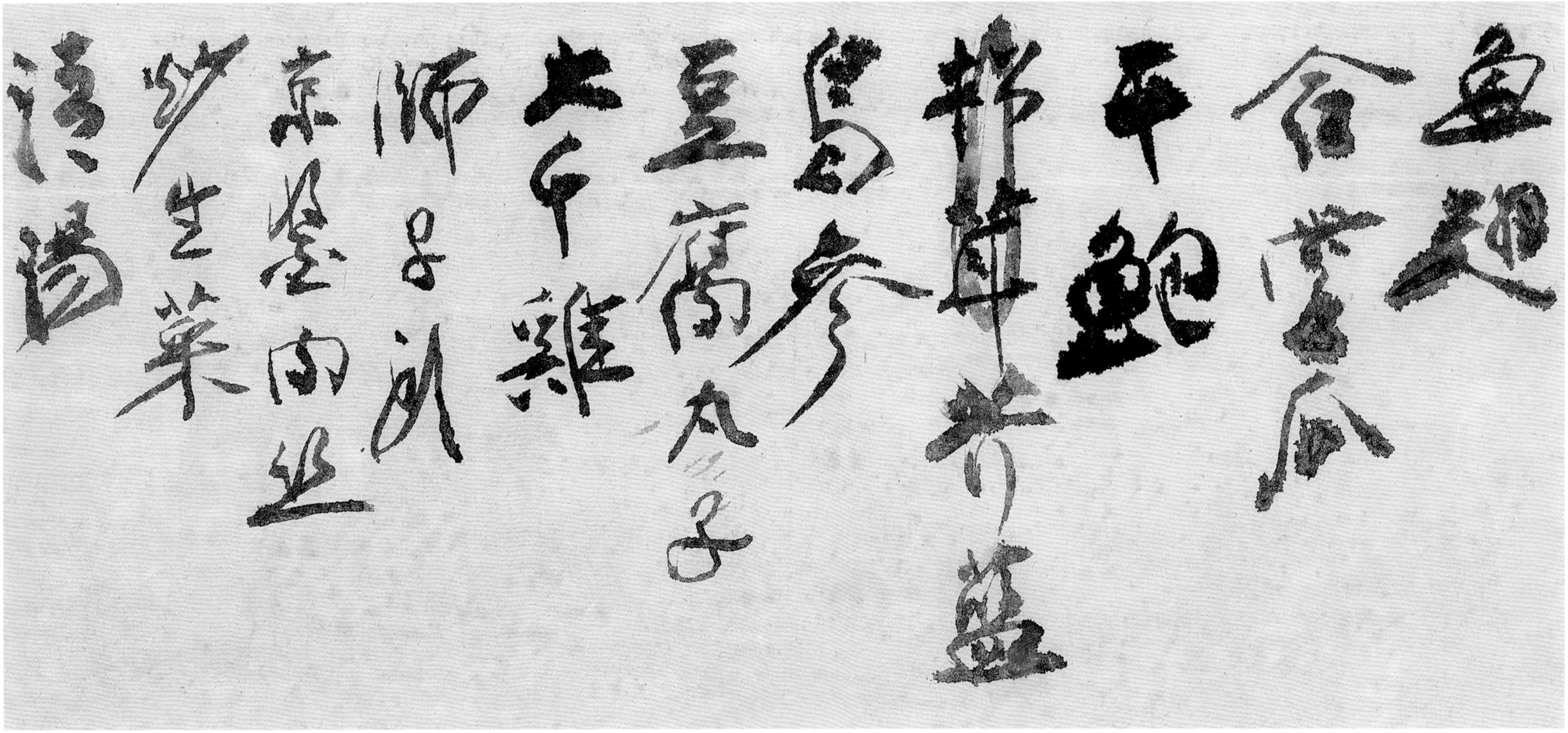

十食單

拌肚絲

搶腰片

酒蒸鴨湯

鰉翅

度菽乳 加松茸

蠔油鮑脯

腐竹菰丁

銀絲牛肉

錦江四喜

素燴

粉蒸雞

水鋪牛肉

紙本

縱三十一釐米　橫四十七釐米

拌肚絲

搶腰片

酒 蒸火鴨湯

鰉魚翅

鹿蒜乳炒松茸

蠔油鮑脯

銀蔥絲牛肉 竹蓀丁

錦江四喜

素燴 火腿芥菜

粉蒸雞 魚麪

三絲湯

水餃 牛肉

十一 宴客食單

成都清蒸師子頭
自井陳皮雞
鹹燒白
甜燒白
粉蒸雞
粉蒸排骨
宮保雞
辣子雞
松子碎米雞
麻婆豆腐

紙本
縱二十五釐米　橫三十六釐米

成都清蒸師子頭

自井陳皮雞

鹹燒白

甜燒白

粉蒸雞

粉蒸排骨

宮保雞

辣子雞

松子碎米雞

麻婆豆腐

十二宴馬壽華食單

拌紅蔓青
素燒茄子
搶魚片
䐗蹄
燒雞丁
師子頭
干燒鰉翅
蠔油鮑脯
酒蒸鴨子
燴大烏
東坡肉
素燴
蓴菜腐皮湯
鯉麪

六月卅日宴木軒老師。爰。

紙本

縱二十二釐米　橫三十五釐米

鈐印：張爰之印信（白文）

注：木軒，即馬壽華（一八九三—一九七七），字木軒，安徽渦陽人。工行楷，善國畫。張大千的夫人徐雯波曾拜馬壽華爲師，故此作中敬稱『木軒老師』。

拌江豆芽

搶墨魚片

膀蹄

炒雞肉丁

素燒茄子

師子頭

干燒鰉翅

蠔油鮑脯

酒蒸鴨子

燴大烏

東坡肉

素燴

蓴菜[illegible]皮湯

蝦麪

六月廿日宴

禾軒吾兄

爰

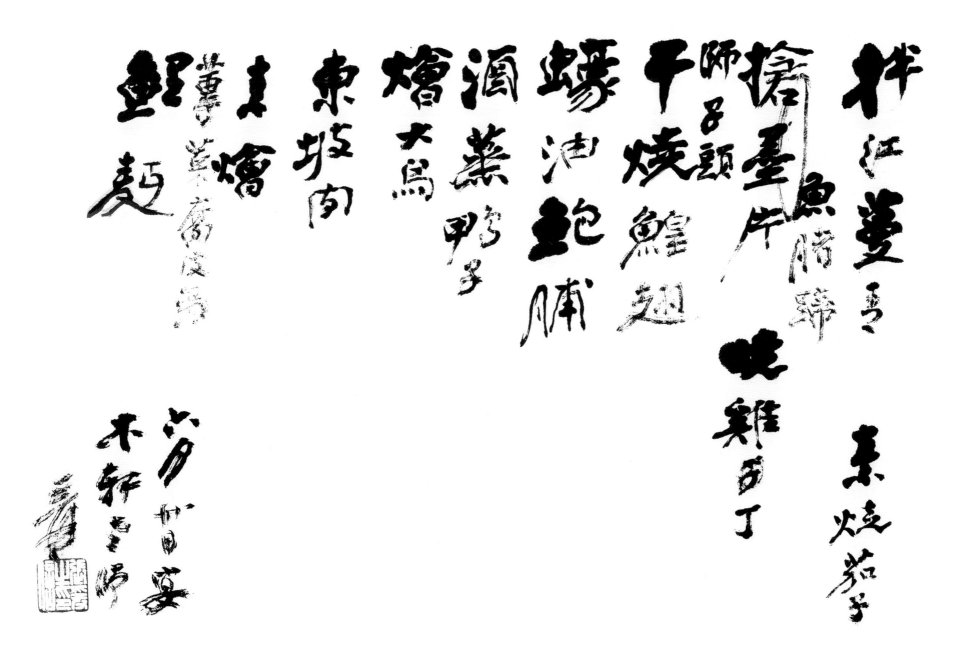

十三宴客食單

2 玉蘭片 金勾
3 宮保魷魚
4 燴千張 火腿
8 炒菜苔 走甜酸帶辣
5 師子頭
1 棒棒雞
13 青豆泥
14 湯團
12 水鋪牛肉
7 樟茶鴨 帶花卷
6 六一絲
11 炒米粉
9 粉蒸肉
10 紅煨排骨

紙本
縱二十七釐米　橫三十九釐米

2 玉蘭片金勾

1 宫保魷魚

4 燴千張對勾火腿

8 炒菜苔 老甜酸萵辣

5 獅子頭

1 棒棒雞

13 青豆泥

14 湯圓

12 水鋪牛肉

7 樟茶鴨 萵苣卷

6 六一魚

9 粉蒸肉

11 炒米粉

10 紅煨排骨

十四　八德園晚宴喻鍾烈、喻嫵特伉儷食單

乙巳（一九六五）年冬月初一日，摩詰山園晚宴鍾烈表弟伉儷。

相邀

炒蝦球

糖醋背柳

白汁魚唇

紅煨大烏參

清湯

纏回手抓雞

糯米鴨

冬菰豆腐

炒六一絲

葛仙米羹

紙本

縱二十八釐米　橫三十九釐米

注：八德園，張大千在巴西居所。鍾烈，即喻鍾烈（一九二八—二〇〇六）。夫人喻嫵特（一九三六—二〇一一後），德國人。

七七年冬月初百唐云心园晚宴
锺烈表弟作馔
粗點
炒蝦球
糖醋背柳
白汁魚唇
紅燒大烏参
清湯
纏田手抓雞
糯米鴨
冬菇豆腐
炒六一絲
葛仙米羹

十五　宴李子章等食單

十一月初六日十二月午後七時，
讌曾莘、子章、寧諸友。

薑汁雞
炒蝦丁
口蘑雞跖
子薑鴨片
白汁魚脣
葱燒烏參
豆腐丸子松茸
焦鹽蹄花
炒蕹粉
仙米羹
氽牛肚片湯

紙本
縱二十八釐米　橫四十釐米

注：子章，即李子章，張大千親家，女兒张心沛之翁姑。寧，即賀寧一，張大千鄰居。

十二月初六日　午後七時進

十三日

芳華子座　尊漢友

薑汁雞

炒蝦仁

口蘑雞跖

子薑鴨片

白汁魚唇

蔥燒烏參

豆腐丸子　松茸

乾鹽鯿〻

炒滿粉

汆牛肚片湯

心畬菜

十六宴毛起鵬伉儷食單

丙午（一九六六）四月十四日六月二號星期四午後一時，邀宴起鵬仁兄伉儷。

砂鍋鱘鰉翅
松茸脊柳
炒明蝦丁
五柳湖魚
湖蔥燜鴨
清湯大烏參
七福碎米雞
炒生菜
鹹菜雞絲湯
澄沙糯米飯
蓮子羹

紙本

縱二十八釐米　橫四十釐米

注：起鵬，即毛起鵬。

丙午年十四六月三號星期四

中午一時邀宴

赴大鴻閣代人洪濤

砂鍋鱘鰉翅

松茸脊柳

清湯烏參

湖蔥燜鱔　五柳湖魚

炒明蝦片

七福碎米雞

炒生菜

鹹菜雞絲湯

瀅沙鵝米飯

蓮子羹

十七　宴顧毓琇食單

丁未（一九六七）端午後二日，一樵道長兄偕女公子枉過山園，治饌小聚。並邀寧一、滌薇梁孟，子章、茂文親家奉陪。

相邀

合掌瓜雞丁

干燒包翅

蔥燒鮮冬菇

蠔油鮑脯

蜜南

紙本

縱二十五釐米　橫三十五釐米

注：一樵，即顧毓琇（一九〇二—二〇〇二），字一樵，江蘇無錫人。一九六七年，顧毓琇赴八德園探望张大千，六月十四日設宴款待，邀至親好友作陪，作陪者乃賀寧一夫婦、李子章夫婦。

下午端午浴之日

一樵道長良文偕女公子枉過山園

治饌小酌并邀華、滌蘅翠

孟子彥茂文叔也如年潛

相邀

合掌瓜雞丁

干燒包翅

蔥燒鮮冬菇

蠔油鮑脯

蜜南

十八宴梁伯伯、伯母食單

□月四號晚，讌梁伯伯、伯母。

松子肉

蟹粉菽乳餅

口蘑雞跖

龍鬚菜

露筍炒明蝦片

干燒鰉翅

清湯大烏參

蠔油鮑脯

鮮荷裹蒸

炒蕹粉

西瓜盅 杏干、葡萄干、葛仙米

汆牛肚湯

紙本

縱二十八釐米　橫四十八釐米

[illegible]四那淡湯

栗 伯伯 伯母

松子肉

蟹粉蒸乳餅

口蘑蒸雞 [illegible]

露笋炒明蝦片

干燒鰉翅

清湯大烏參

蠔油鮑脯

鮮菌曼蕉

炒滿粉

西瓜盅 杏干 葡萄干 薏仁米

水牛肚湯

十九可以居宴樂恕人食單

六十年辛亥四月十五日，恕人鄉兄自華府重來可以居，命家人治具驩宴並邀正言兄、賡舜兄伉儷、天循親家、親家母作陪。

相邀

干燒鰉翅

香糟蒸鴨

葱燒烏參

成都師子頭

雞油蘆笋

雞融菽乳餅

茶腿晚菘

豆泥糍飯

西瓜盅

紙本

縱三十五釐米　橫六十六釐米

鑒藏印：堪白吴平過目心賞（朱文）

注：可以居，張大千在美國居所。恕人，即樂恕人（一九一七—二〇〇七），四川成都人。正言，即顧正言。天循，即王天循。

六十年辛亥四月十五日

然人鄉兄自華府重來不以居

命家人治具驩宴並邀

正言兄賡麟兄沈灝

天循親家親家母作陪

相邀

乾燒鰉翅

香糟蒸鴨

蔥燒烏參

成都師子頭

雞油蘆筍

雞融萍乳餅

茶腿晚菘

豆泥糯飯

西瓜盅

二十食單

雞油莞豆 二
豆瓣燴百葉 四
蠔油肚條 牛肉 一
蔥油雞 三
師子頭 五
魚麪 六
王瓜肉片湯 七

紙本
縱二十五釐米　橫三十七釐米

鞋油黃豆 二

豆腐雜燴百葉 四

蠔油肚條 十五

蔥油雞 三

獅子頭 八

魚麵 十六

王家肉片湯 七

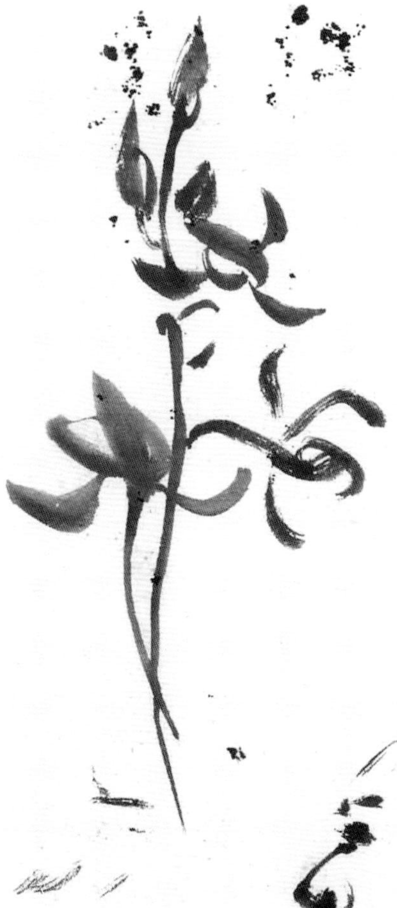

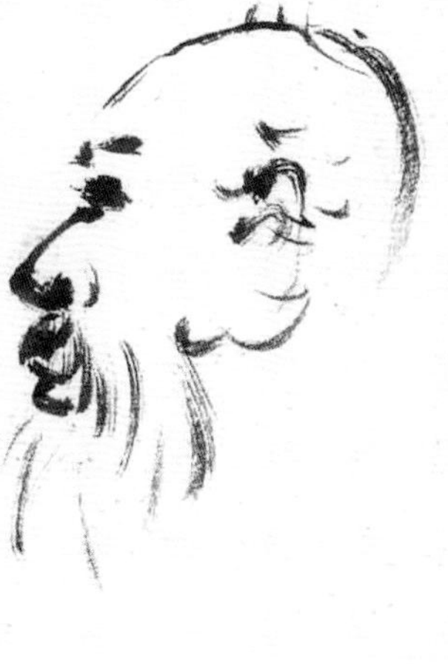

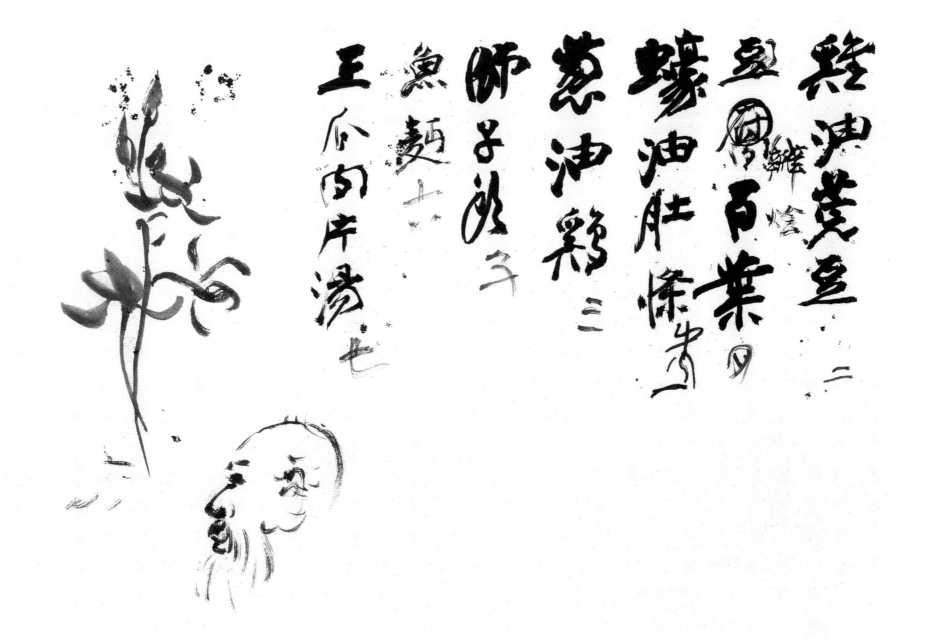

二十一　食單

橙皮鷄
鵪鶉蛋
肚條
糖醋白菜
鷄蓉菽乳餅
東坡肉　加栗子
小籠包
酒蒸鴨
干燒明蝦
清蒸石門魚
雞燒笋片
成都師子頭
六一絲
翡翠餃子
西瓜鍾

紙本
縱三十三釐米　橫五十五釐米

橙皮鷄　鮑魚羹

肚條　蘿蔔白菜

鷄蓉蒸乳餅

東坡肉加栗子

小籠包

酒蒸鴨

干燒明蝦

清蒸石門魚

雞絲蒸牛

成都獅子頭

翡翠餃子

六一絲

西瓜盅

二十二 宴客食單

相邀
魚翅
菜根
鰒脯 生菜
六一絲 萵苣、韭黄、王瓜、冬菇、辣豆瓣、醬瓜
東坡肉 花卷
牛力脊
大四喜 生菜
豆沙餃
魚麪
水鋪牛肉

紙本
縱十一釐米 橫四十九釐米

相邀
魚翅

魚菜根
鰻脯 生菜

六一絲
筍當進黃

王瓜 冬菇
輕餅 辣椒
醬瓜

東坡肉
花卷

牛乃脊

大四喜 生菜

豆沙餃

魚麺

水舗牛肉

二十三　晚餐食單

烩絲瓜
大四喜
葱油干貝
回鍋肉
乳燒明蝦
紅椒肉絲
蝦油烩麪
羅宋湯

七月一日晚餐。

紙本
縱二十七釐米　橫十九釐米

烩絲瓜

葱油干貝
四蝴蝶肉

紅杉肉絲

羅宋湯

有一日晚餐

大の善

乳鴿明爐

蝦油烩麵

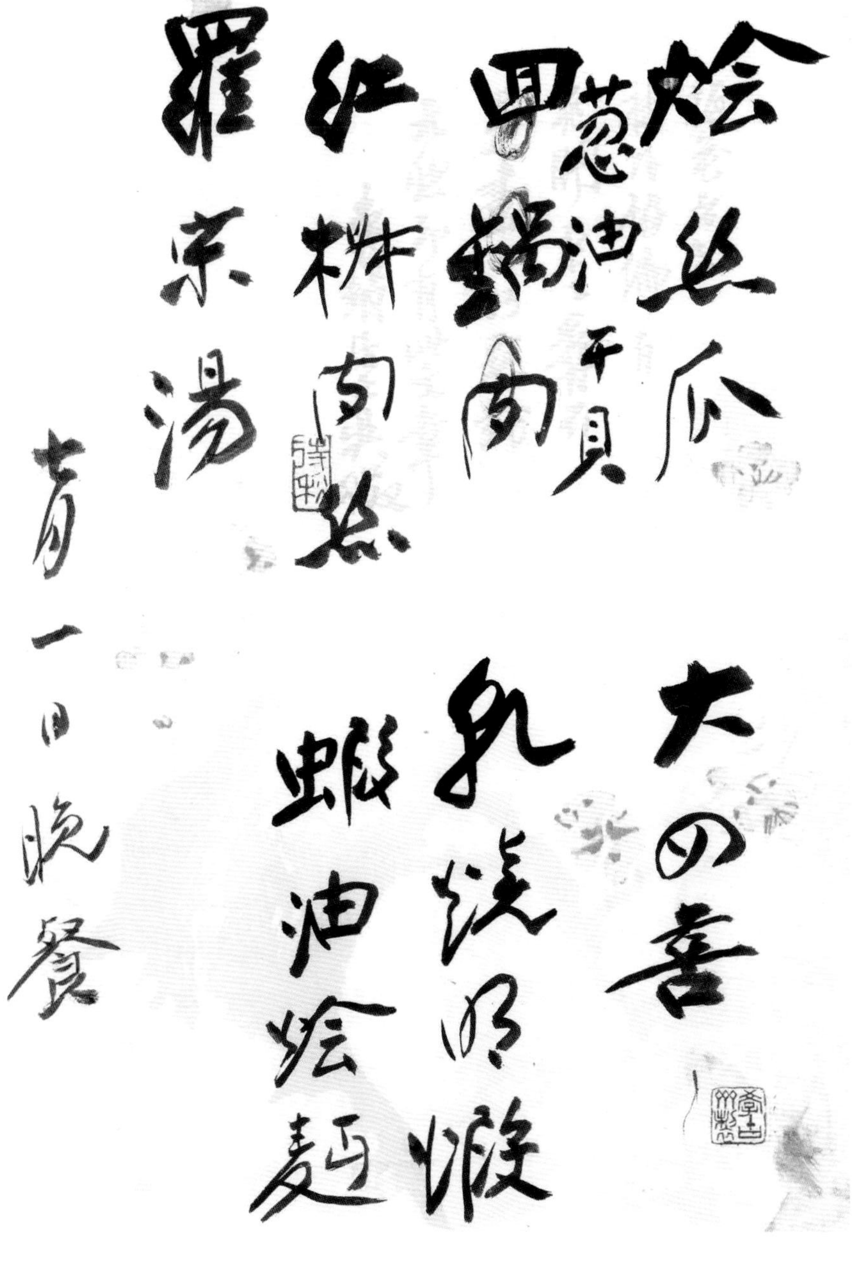

二十四食單

小莞荳
六一絲 小盤
芥菜頭
粉蒸肉
師子頭
冬笋雞
酒蒸鴨
魚翅
大烏參 雞翅

紙本
縱十五釐米　橫五十五釐米

小炭盞
六一絲
小盤
芥菜頭
粉蒸肉
獅子頭
冬筍雞
酒蒸鴨
魚翅
大烏參
雞翅

二十五壽宴食單

炸鴨腦
絲瓜鴨掌
熏櫻桃
燴雞腰
烤乳猪
紅油水肉
回鍋肉
氽傘胆
天中五瑞
油淋鴿
蜜南
壽麪
東坡肉
壽桃
湘蓮

紙本
縱十九釐米　橫二十七釐米

炸鸭膀

丝瓜鸭掌

熏樱桃

烩鸡腰

烤乳猪

红油水肉

回锅肉

汆伞肚

天中五瑞

油淋鸽

寿面

东坡肉

寿桃

湘莲

蓉南

二十六食單

相邀

櫻桃肉

紙本

縱十九釐米　橫三十釐米

相邀
櫻桃間

二十七食單

拌胡豆
清蒸崇魚
烩千張
師子頭
粉蒸肉
六一絲
火腿蒸鷄

紙本
縱二十七釐米　橫三十八釐米

拌胡豆
清蒸崇鱼
烩千张
狮子头
粉蒸肉
六一丝
火腿蒸鸡

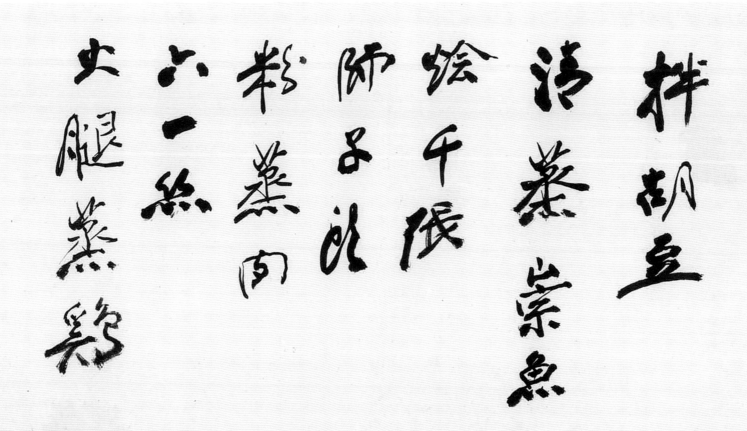

二十八食單

干燒小包翅
玉蘭片
樟茶鴨
師子頭
烩千張
荷葉肉　花卷
六一絲
水鋪牛肉

紙本
縱十六釐米　橫三十六釐米

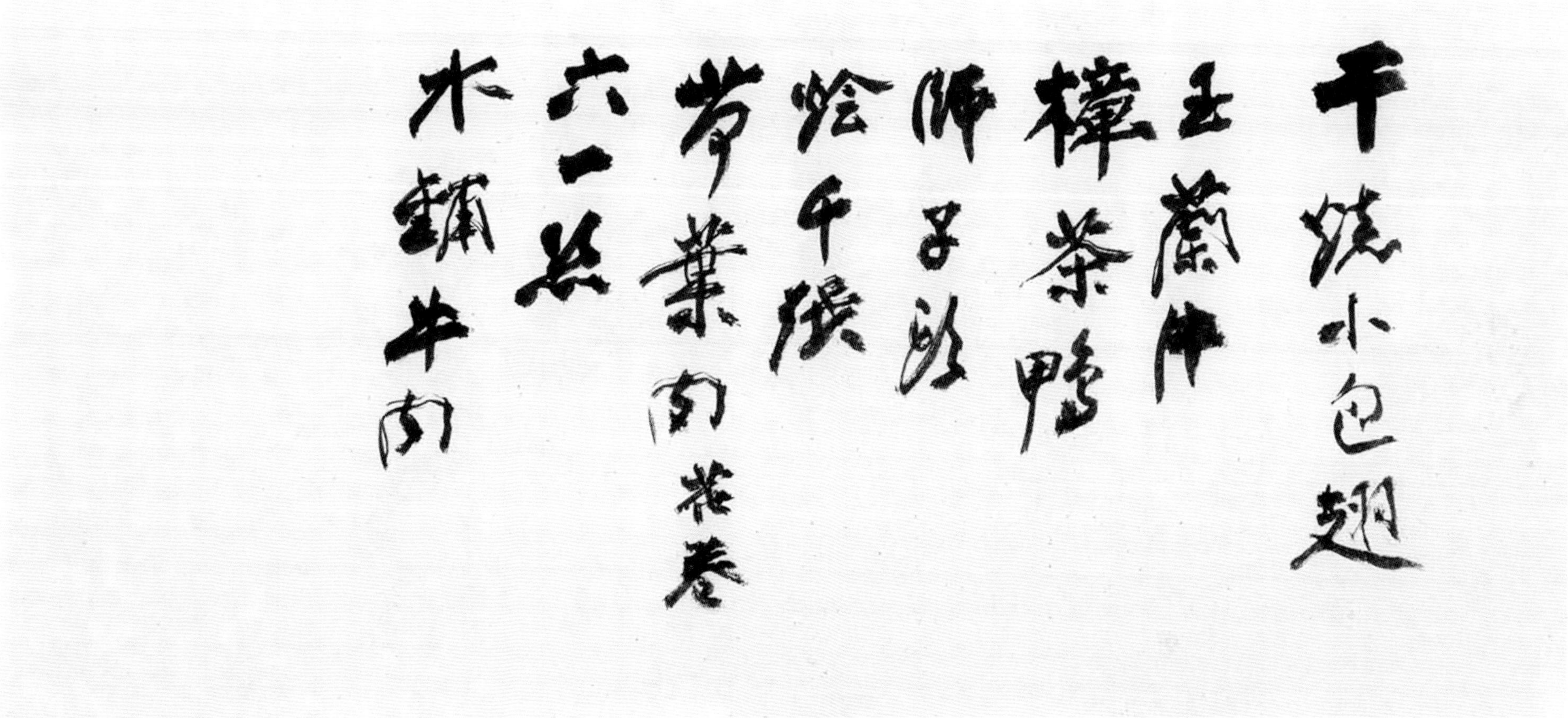
干燒小包翅
玉蘭片
樟茶鴨
獅子頭
燴千張
荷葉肉 花卷
六一絲
水鋪牛肉

二十九宴客食單

相邀
薑汁雞
乾燒明蝦
燴青瓜
粉蒸肉
冬菜燒白
葱絲魷魚
酒蒸鴨
魚麪或師子頭

書付敏琦，大千居士。

紙本
縱二十四釐米　橫七十四釐米

燴青瓜

相邀

薑汁雞

乾燒明蝦

燴青瓜

粉蒸肉

冬菜燒白

蔥烒魷魚

酒蒸鴨

魚翅

武獅子頭

書付敏琦

大千居士

三十食單

青岡菜
家常雞丁
金勾玉蘭片
紅燒麪筋
回鍋加青豆
豆苗豆腐湯

紙本
縱二十七釐米　横十九釐米

青園菜　家常雞丁

金勾玉蘭片　紅燒麵筋

回鍋加青豆

豆苗豆腐湯

三十一食單

七 水鋪牛肉 或腰片，王瓜片宜少

1 葱燒鴨

2 玉蘭片 蝦米細去殼

3 獅子頭

四 六一絲

五 粉蒸荷葉肉 花捲

六 燴千張

紙本

縱二十五釐米　橫五十釐米

七 水鋪牛肉（或腰片）王瓜片宜少

1 葱燒鴨

2 玉蘭片 蝦米細去殼

3 獅子頭

4 六一丝

五 粉蒸荷葉肉 花捲

六 燴千張

三十二食單

白豆腐干
烤麸
冬菰
笋
1 腰塊
2 師子頭
3 六一絲
4 蝦米千張
5 粉蒸排骨
6 黃魚煨麪
7 蠔油肚條
8 奶湯菜花
9 涼拌豬蹄
10 酥肉湯
包餃 各二

紙本
縱二十八釐米 橫十八釐米

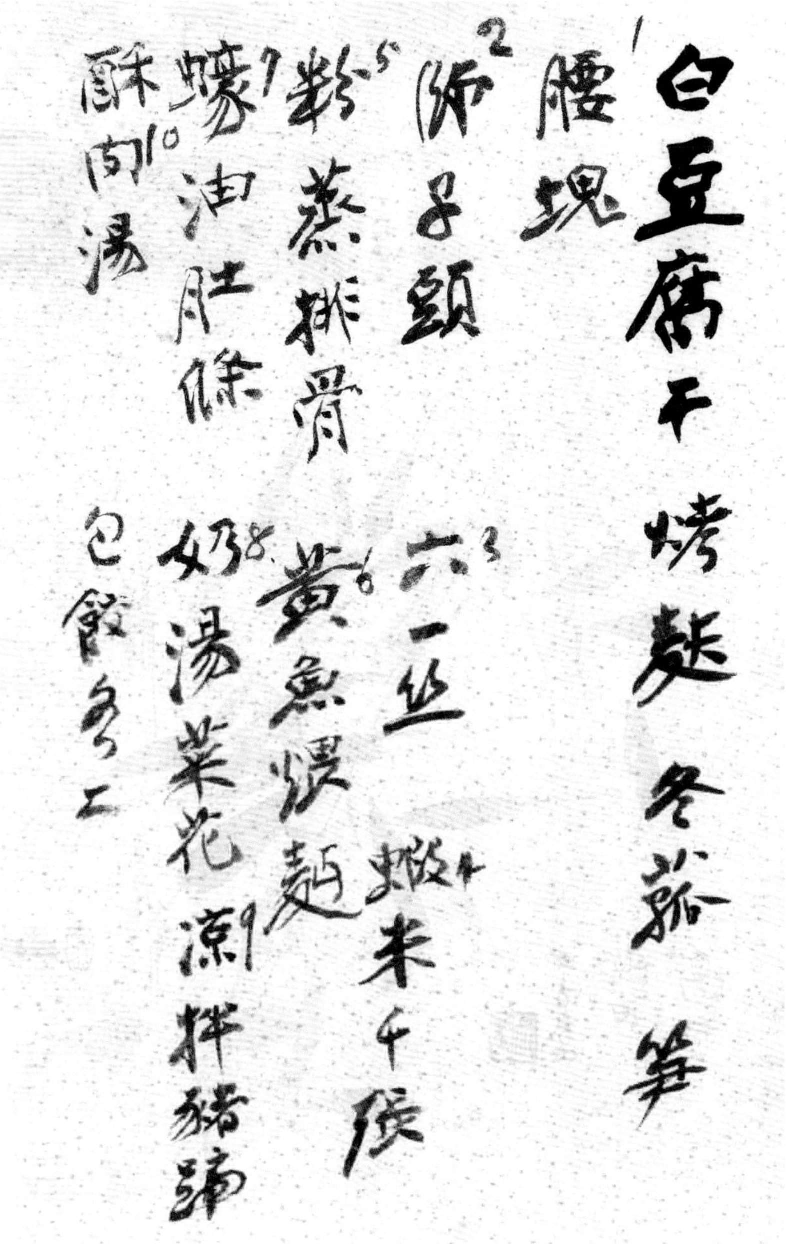

1 白豆腐干 烤麩 冬菇 筍

腰塊

2 獅子頭

3 六一絲

4 蝦米千張

5 粉蒸排骨

6 黃魚煨麵

7 蠔油肚條

8 奶湯菜花

9 涼拌豬蹄

10 酥肉湯

包餃多工

三十三食單

干燒鰉翅
雞翅大烏
酒蒸鴨
成都四喜
金鉤菜根
粉蒸肉
莞豆
六一絲
蒓菜湯

紙本
縱二十釐米　橫四十五釐米

蒓菜湯

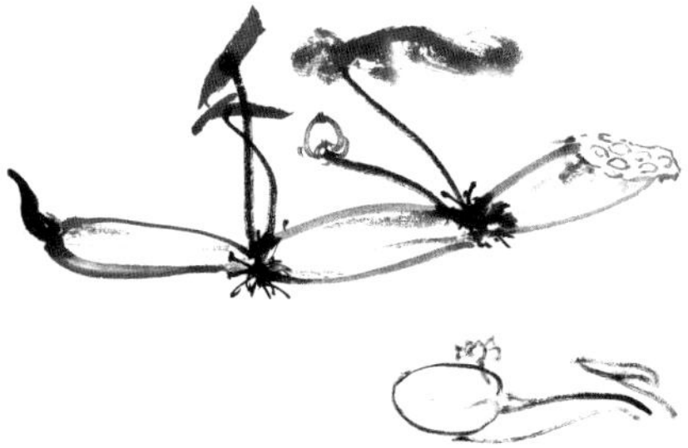

干燒鰉翅

雞翅大烏

酒蒸鴨

成都四喜

金鈎菜根

粉蒸肉

六一絲

蒓菜湯

三十四食單

紅煨七珍　豆腐干、麸、笋、冬菰、腰塊、木耳、腐皮

椒麻豚蹄　紅油

蝦米燴百葉

蠔油肚條

奶湯緑菜花

粉蒸排骨

六一絲

師子頭

黃魚煨麪

酥肉湯

包餃

紙本

縱二十七釐米　橫五十釐米

紅煨七珍

豆腐干 麩 筍
冬菇 腰塊 木耳
腐皮

椒麻腰蹄 紅油

蝦米燴百葉

蠔油肚條

奶湯綠菜花

粉蒸排骨

六一絲

獅子頭

黃魚煨麵

酥肉湯

包餃

三十五食單

- 二 白切雞
- 三 煨七珍
- 1 薑葱豚蹄
- 四 樟茶鴨
- 5 雞油絲瓜
- 6 師子頭
- 7 蝦米白菜
- 酥肉湯
- 包餃

紙本

縱十四釐米　橫三十六釐米

三白切雞

煨七珍

薑葱豚蹄

樟茶鴨

雞油絲瓜

獅子頭

蝦米白菜

酥肉湯

白飯

三十六食單

葱泡魷魚絲
白頁烩腰丁
冬菰紅煨四喜
拌蘆笋
醉蟹蒸魚

紙本
縱二十七釐米　横三十八釐米

葱泡鱿鱼丝

白页烩肠丁

冬菰红烧四喜

拌芦笋

醉蟹蒸鱼

三十七食單

紅煨七珍
椒麻豚蹄
金鈎百葉
干燒小包翅
瑤柱白菜
薑汁雞
干燒明蝦
粉蒸排骨
六一絲
師子頭
酥肉湯
包餃

紙本
縱二十七釐米　橫五十八釐米

金鈎百葉

红煨七珍
椒麻豚蹄
金钩百叶
干烧小包翅
瑶柱白菜
薑汁雞
干烧明虾
彩蒸排骨
六一丝
狮子头
酥肉汤
包饺

三十八食單

干燒明蝦
金鈎絲瓜
酒蒸鴨
上 菽乳餅
成都大四喜
下 南腿白菜
上 黃燜雞筍
魚麫
西瓜盅
翡翠餃

紙本
縱二十六釐米　橫三十四釐米

干燒明蝦

金鉤絲瓜

酒蒸鴨

上 菽乳餅

成都大四喜

下 南腿白菜

上 黃燜雞筍

魚麵

西瓜盅

煎韮餃

三十九食單

葱油雞
紅油蹄花
糖酢白菜
葱燒鴨
乾煸四季豆
紅煨牛腩
回鍋肉 豆瓣醬炮
氽圓子湯
牛腩蘿蔔湯
皮蛋氽片湯
成都師子頭 預定

紙本
縱二十三釐米　橫七十九釐米

紅油蹄花

葱油雞
红油蹄花
糖醋白菜
葱燒鴨
乾煸四季豆
红燜牛腩
回鍋肉 豆瓣醬炒
汆圓子湯
牛腩蘿蔔湯
皮蛋汆片湯
成都師子頭 預定

四十食單

雞翅烏參
成都四喜
六一絲
魚麫
銀絲牛肉
葱燒鴨
蠔油豆腐
干燒明蝦

紙本
縱三十釐米　橫六十釐米

雞翅烏參
成都四喜
素六一絲
魚麵
銀絲牛肉
蔥燒鴨
蠔油豆腐
干燒明蝦

四十一 午宴食單

甲辰（一九六四）嘉平月十五日，午宴沈雁女士於八德園。

相邀 雯
鱘鱘翅 雯
玉蘭片 雯
烏參 珂
清蒸魚
泡辣椒雞丁 珂
四川師子頭 珂
柴把鴨 尕女
炒生菜 滿女

紙本
縱三十四釐米 橫六十七釐米

注：沈雁，浙江嘉興人。自幼受母親熏陶，酷愛繪畫。侄女沈潔拜入張大千門下。

雯，即徐雯波（一九二六—二〇一〇），四川成都人。張大千四夫人。

珂，即李協珂（一九二八—一九八五），張大千十二侄張心一（張保羅，一九三一—二〇二〇）夫人。

尕女，即張心嫻（一九四三—二〇一六），四川内江人。張大千十三女，爲二夫人黃凝素所生，生於蘭州。一九五二年隨父親由香港往南美，後定居巴西。二十世紀六十年代末移居美國。

滿女，即張心沛（一九四六—二〇一四），小名滿妹，四川内江人。張大千十四女，爲二夫人黃凝素所生。一九四九年隨父親離開大陸，四年後移居巴西。

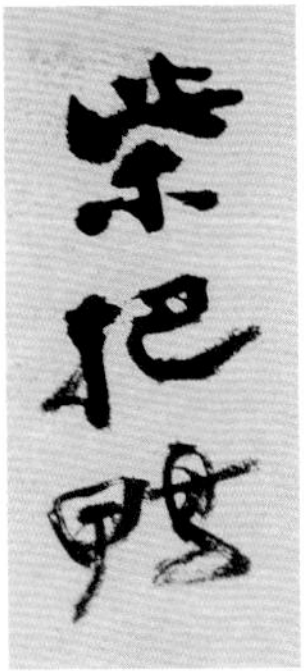

農曆五月十五日午宴
次侄心玉於八德園

相邀　盅
鯙鱘翅　盅
玉蘭片　盅
烏參　碗
清蒸魚
泡辣椒雞丁　碗
四川獅子頭　碗
柴把鴨　原只
炒生菜　湯只

四十二晚宴食單

一品海參 筍丁、火腿丁、蔥顆

清蒸雙魚 上時加味、蔥絲

紙包雞

蜜南

鳳抄翼 火腿、筍子、冬菇、蔥
各一小條

砂鍋白菜 蹄筋、口蘑

冬菇燒老豆腐

蔥炒鳳肝 蔥節八分長、紅泡辣
椒絲

餡子麪 白麪每半小碗，餡子
在席上自加

生菜清湯

十月九日晚七时。

紙本

縱二十釐米　橫四十二釐米

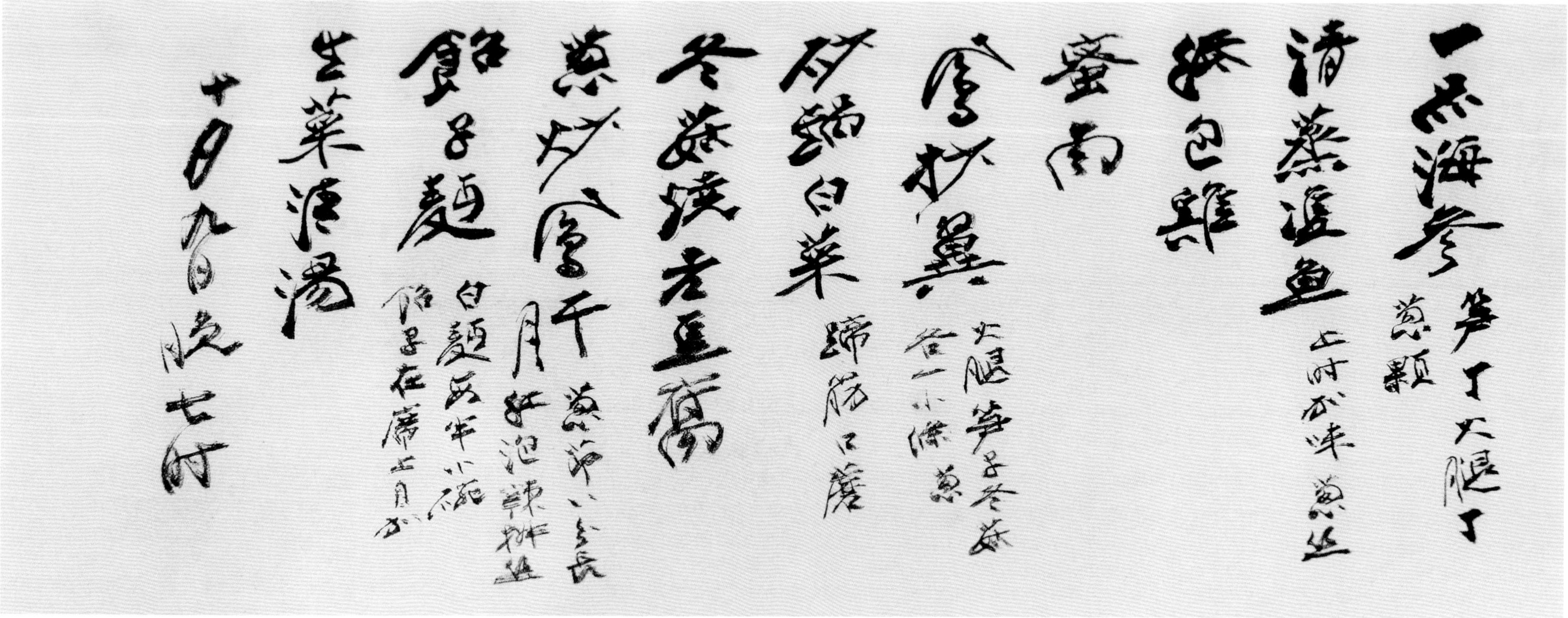
一品海參 筍丁 火腿丁 葱頭
清蒸鰣魚 上時加味 葱絲
紙包雞
蠶南
燴扒翼 火腿 筍子 冬菇 各一小碟 葱
什錦白菜 蹄筋 口蘑
冬菇燒老豆腐
葱燒會千 葱節八分長 月 紅泡辣椒粗絲
餡子麵 白麵發面半小碗 餡子在席上自包
生菜清湯
十月九日晚七時

四十三食單

燻子雞
大烏參
干燒笋
清蒸魚
燴蘑芋
干燒蝦
六一絲
豆腐湯

紙本
縱十四釐米　橫三十五釐米

燴蘑芋

燉子雞

大乌参

干烧笋

清蒸鱼

烩蘑芋

干烧虾

六一丝

豆腐汤

四十四食單

相邀 酥肉、魚糕、油豆腐、蘑芋、魚肚、冬菇、淡菜

雞翅大烏 六姑

松茸力脊片 六姑

白汁魚唇 六姑

金鈎福壽瓜 六姑

四川四喜丸子 協珂

口袋豆腐 雯波

六一絲 六姑

七味雞丁 雯波

口蘑氽王瓜肉片湯

紙本

縱三十釐米　横四十釐米

注：六姑，八德園女厨。協珂，即李協珂。雯波，即徐雯波。

相邀 酥肉 鱼肚 鱼糕 冬菇 油豆腐 淡菜 蘑芋

鸡翅大乌 六妹

松茸力脊片 六妹

白汁鱼唇 六妹

金钩福寿瓜 六妹

四川四喜丸子 胡师

口袋豆腐 宝波

六一丝 [illegible]酒 六妹

七味鸡丁 宝波

口蘑氽王瓜肉片汤

四十五　宴李祖萊、李德英伉儷食單

臘月十七日讌祖萊七弟、德英弟媳。

酒蒸家鳧

干燒魚翅

素燴 魚糕、魚肚、紅蔓青、口蘑、菜心、萵苣、芹菜、麪筋、蘑芋

蠔油鰒魚

氽牛肚片

大烏參

金鈎白菜

清湯師子頭

蜜漬山藷

紙本

縱三十三釐米　橫六十六釐米

注：祖萊七弟，德英弟媳，即李祖萊（一九一〇—一九八六）李德英伉儷。

臘月十七日邀
祖萊弟偕英下嫂
酒蒸家鳧
干燒魚翅
三燴魚糕魚肚扒蔓菁
口蘑菜心萵苣
芹菜麵筋蘑芋
蠔油鮑魚
余牛肚片
大烏參
金鉤白菜
清湯師子[illegible]
蜜漬山藷

四十六食單

相邀
醃鴨
干燒明蝦
紅燒蹄筋
炒雞丁 泡辣椒豆瓣紅油
四川師子頭 生菜
炒魷魚 泡辣椒葱節
口蘑清湯 切厚片，去蒂，加西洋菜三五根

紙本
縱三十四釐米　橫四十五釐米

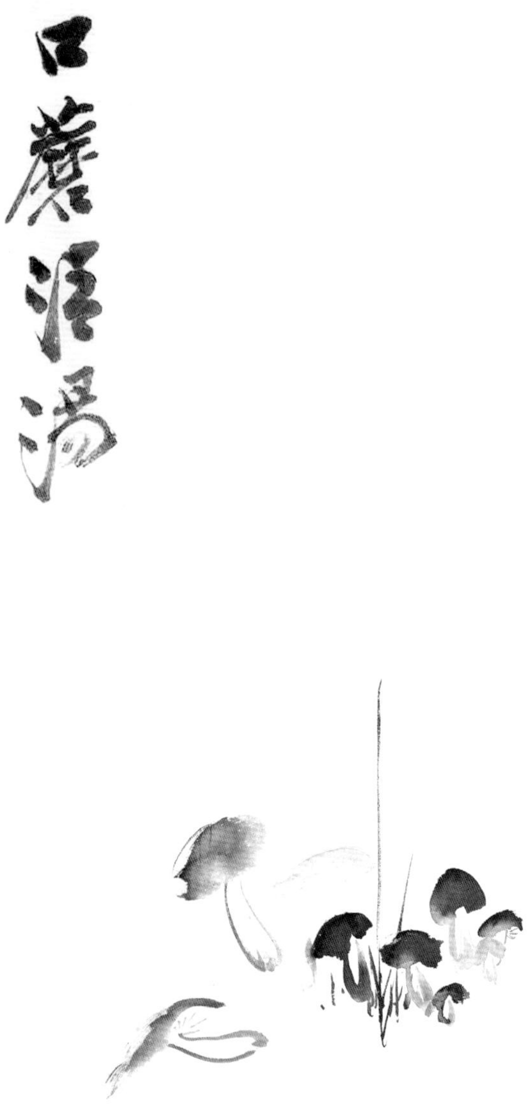

不邀

醃鴨

干炸明蝦 浮

炒雞丁 紅燒蹄筋 泡辣椒 豆瓣紅油

四川獅子頭 生菜

炒魷魚 泡辣椒 蔥節

口蘑湯 切厚片吉

萵苣西洋菜

三五楓

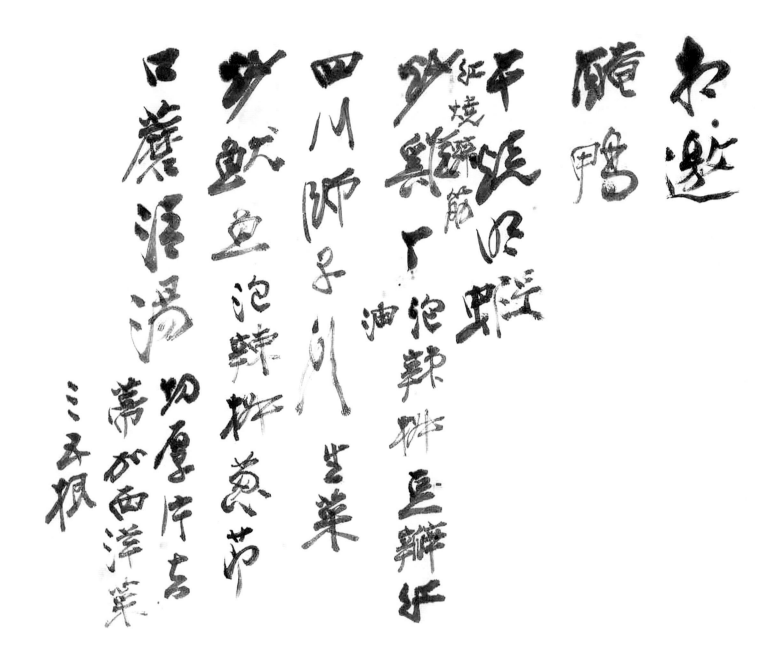

四十七 宴周彤華等食單

彤華仁兄歸國，命家人治具恭餞，謹邀澄波、澤之、正言諸公梁孟作陪。

相邀

紅油肚絲

水爆墨魚

一品菽乳

干燒鰉翅

香糟鴨條

鳳翼烏參

成都素會

錦城四喜

水鋪牛肉

蜜漬金腿

西瓜鍾

紙本

縱三十四釐米　橫六十九釐米

注：彤華，即周彤華（一九一九—？），浙江慈溪人。正言，即顧正言。夫人徐景淑女士乃著名書畫收藏家張珩表妹，因此淵源，張顧兩家先後移家北美，定居加州時期，常相往來。

彤華夫人歸國命夫人
治具恭餞謹邀淡波
澤之正言諸公梁孟作
陪

相邀

紅油肚絲
一品菜乳
干燒鰉魚翅
香糟鴨條
鳳翼烏參
成都素燴
錦城四喜
水鋪牛肉
蜜漬金腿
西瓜鍾

水爆墨画

四十八　宴張學良、趙一荻伉儷等食單

干貝鴨掌
紅油豚蹄
菜苔臘肉
蠔油肚條
干燒鰉翅
六一絲
葱烧烏参
紹酒熗笋
干燒明蝦
清蒸晚菘
粉蒸牛肉
魚羹烩麪
汆王瓜肉片
煮元宵
豆泥蒸餃
西瓜鍾

七十年辛酉元宵後一日，命家人治具，邀漢卿、一荻兄嫂、屏秋副院長及其夫人同進午餐，岳軍大兄与其哲嗣繼正世講，夫人杜芬亦惠然蒞臨，盡半日之歡。是日，小園垂絲，海棠盛開，賓主欣忭，漢兄命識於食單之後。爰。

紙本

縱三十釐米　橫八十釐米

鈐印：張爰（白文）大千父（朱文）

注：漢卿，即張學良。一荻，即趙一荻，張學良第三任妻子。屏秋，即丁農。岳軍，即張群。繼正，即張繼正，張群長子。杜芬，張繼正之妻。

干貝鴨掌
紅油豚蹄
菜苔臘肉
蠔油肚條
干燒鰉翅
六一絲
蔥燒烏參
紹酒㸆筍
干燒明蝦
清蒸晚菘
粉蒸牛肉
魚羹燴麵
汆王瓜肉片
煮元宵
豆泥蒸餃
西瓜盅

辛年辛酉元宵後一日命山人
治具邀灌卿一敬之兼秋蜀
院長及其夫人同至嶽軍大兄
与其旌嗣繼正世講之人杜东熏然
莊張君半日之歡是日小園無然海
棠盛開賓主欣悅潑大命識於食單
之後　爰

菜名索引

張大千手書食單中菜名繁、簡、异體均有，本索引酌情歸併。

冷菜

熱菜

湯羹

主食

水果

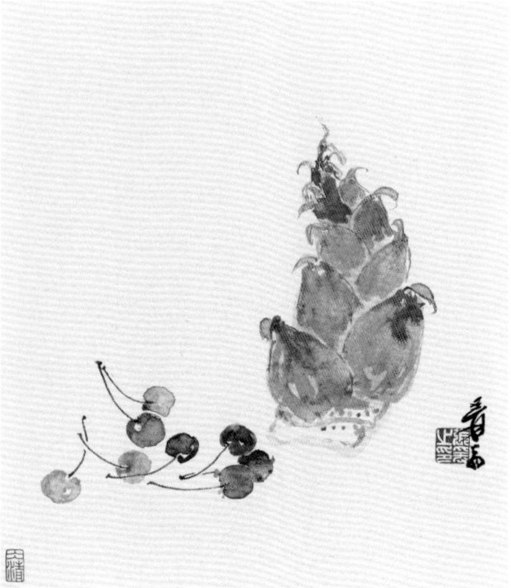

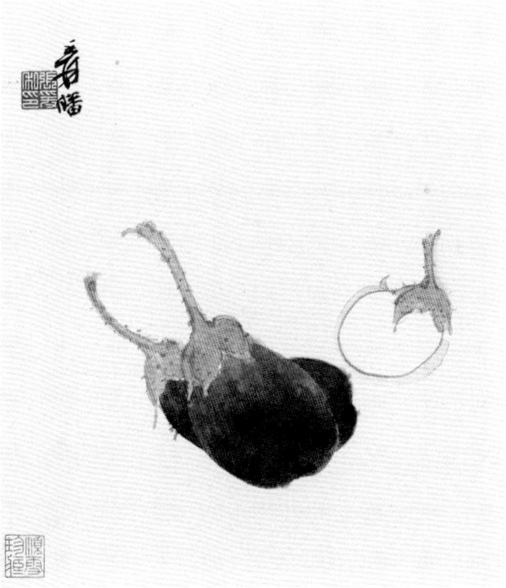
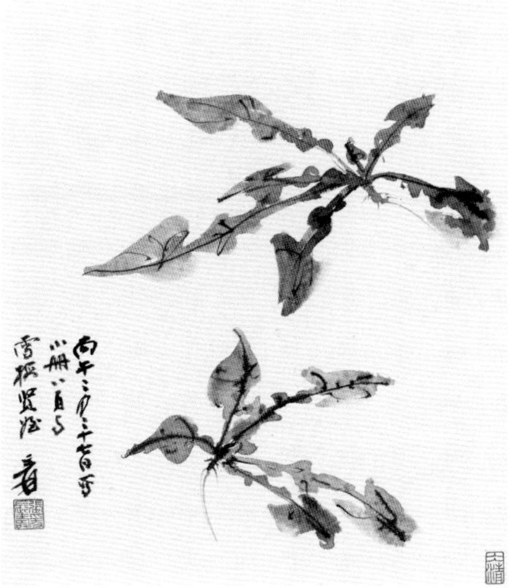

鳴謝

張之先　李順華（美國）　向子平（中國臺灣）　沈詩醒

王亞法（澳大利亞）　沈嘉禄　朱浩雲　羅宗良　舒建華

史軍萍　萬君超　田　洪　柴　敏

圖書在版編目（CIP）數據

張大千食單／曾迎三編 .—上海：上海辭書出版社，2024. — ISBN 978-7-5326-6236-4

Ⅰ . TS972.1

中國國家版本館 CIP 數據核字第 2024S00U38 號

張大千食單

曾迎三　編

責任編輯　柴　敏
裝幀設計　林　南

出版發行　上海世紀出版集團
上海辭書出版社®（www.cishu.com.cn）
社　　址　上海市閔行區號景路 159 弄 B 座（郵政編碼 201101）
製　　版　上海商務數碼圖像技術有限公司
印　　刷　上海雅昌藝術印刷有限公司
開　　本　889 毫米 ×1194 毫米　1/16
印　　張　9
版　　次　2024 年 8 月第 1 版　2024 年 8 月第 1 次印刷
書　　號　ISBN 978-7-5326-6236-4/T・209
定　　價　260.00 元

本書如有質量問題，請與印刷廠聯繫。
電話：021-68798999

鹽水鴨
古老肉
豉油雞
粉蒸肉片
銀絲牛肉
炒雞丁
獅子頭
冬菇豆腐
炒生菜

[illegible]
甲午

《張大千食單》特藏

相邀
樱桃间

《張大千食單》特藏

吃是人生最高藝術！